自然万象

王渝生　主编

中国大百科全书出版社

图书在版编目（CIP）数据

自然万象 / 王渝生主编. -- 北京 ：中国大百科全书出版社，2025. 1. -- ISBN 978-7-5202-1709-5

I . N49

中国国家版本馆CIP数据核字第20241KE477号

自然万象

出 版 人：刘祚臣

责任编辑：张恒丽

责任校对：程忆涵

责任印制：李宝丰

排版制作：北京升创文化传播有限公司

中国大百科全书出版社出版发行

（地址：北京阜成门北大街17号　电话：88390718　邮政编码：100037）

唐山富达印务有限公司

开本：710毫米×1000毫米　1/16　印张：8　字数：100千字

2025年1月第1版　2025年1月第1次印刷

ISBN 978-7-5202-1709-5

定价：48.00 元

编委会

主　编　王渝生

编　委　（以姓氏音序排序）

程忆涵　　杜晓冉　　胡春玲　　黄佳辉

刘敬微　　王　宇　　余　会　　张恒丽

前　言

　　《自然万象》采用词条的形式，详细介绍了生活中常见的植物和动物，包括它们的分类、形态特征及功能等方面，使得读者能够更加清晰和直观地了解和认识它们，从而更好地理解我们所生活的这个丰富多彩的世界。

　　全书以条目形式进行编排，释文力求简明扼要、通俗易懂。标题一般为词或词组，释文一般依次由定义和定性叙述、简史、基本内容、插图等构成，依据条目的性质和知识内容的实际状况有所增减或调整。全书内容系统、信息丰富且易于阅读。为了使内容更加适合大众阅读，增加了不少插图，包括照片、线条图等，随文编排。

目 录

下篇

上篇

森林

　　面积广阔且比较密集生长在一起的，以乔木为主体的植被类型。森林还包括灌木、草本植物和其他生物，是能显著影响周围环境的生物群落。

　　森林可划分为各种类型，按外部表现可分为密林和疏林，按乔木的叶子机能、形态等特性可分为常绿林、落叶林、针叶林、阔叶林等，按用途可分为用材林、经济林、防护林，按起源又可分为天然林、人工林等。过去，地球上大部分陆地被森林所覆盖，但伴随着人类的不断发展，森林遭到大量砍伐和焚毁。直到20世纪，人们才努力致力于森林保护。目前，森林约占地球陆地面积的1/3。

森林资源

　　林地和林地内的动植物，以及林地环境的总称。林地包括有林地、疏林地、宜林地等。森林既是生产木材、林副业产品的生物资源，也是调节大气氧气含量、调节气候、净化空气、涵养水源、保持水土、防风固沙、保护农田的环境资源，还是提供各种美丽神奇景观的旅游资源。因此，森林资源的保护和永续利用对于人类发展有极其重要的意义。

森林作为资源不仅具有巨大的经济效益，更重要的是具有巨大的生态效益和社会效益。它不仅为人们提供大量的木材，多种材料、食品和饲料，而且在改造自然、保护环境、保护自然界生态平衡、保障农业牧业高产稳产，以及保护国土、加强战略等方面都起着巨大的作用。此外，森林对于调节气候、美化环境、减弱噪声、为野生动物提供栖息地等方面，也有着不可忽视的作用。

土壤

地球陆地上能够生长植物的那部分疏松表层，厚度从数厘米至数米不等。除了浸水的土壤外，土壤里都含有或多或少的空气；除了极干燥的土壤外，土壤中都含有相当数量的水分。所以说，土壤是由固体、液体和气体 3 种形态的物质组成，以固体部分为主，占土壤

总量的 90% ～ 95%。土壤的固体部分含有许多矿物质、有机质、活着的微生物和腐殖质。腐殖质由腐烂的植物遗体形成，有时包括动物的残骸及排泄物。土壤供给植物生长条件的能力称为土壤肥力，土壤肥力的好坏直接影响植物的长势和作物的产量。通过农民的施肥、浇水、耕作和养护，土壤会越来越肥沃。世界各地气候与生物群落的不同造成土壤中物质含量和酸碱度不同，形成了地球上各种各样的土壤类型。

土壤是组成地球生物圈必

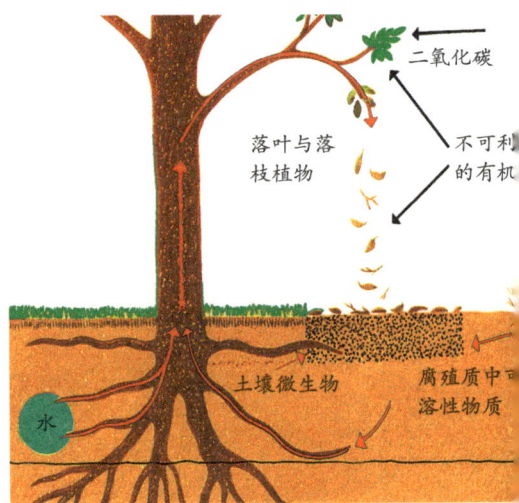

植物添加有机质至土壤的过程示意图

不可少的重要部分。人类所需要的农业、林业、畜牧业产品都直接或间接从土壤中生产出来，所以人类的生存和发展离不开土壤。土壤若不加以保护，会受到自然因素或人为因素破坏，尤其是有农业价值的土壤，在水土流失、土壤沙化、土壤污染、不合理开发等破坏下而不断减少。为了人类自身的生存，应加强对土壤的养护。

热带雨林

热带潮湿地区高大茂密而常绿的森林类型，由无御寒、无抗旱能力的树种组成，乔木种类非常丰富，层次多而界限不明，没有明显的优势种。乔木具板状根、支柱根、气生根和老茎生花现象，层间藤本植物和附生植物、寄生植物发达，并有绞杀植物。绞杀植物是一些具粗大缠藤和发达气生根的树种，常缠绕或包卷支持它的树木，与其争夺水分、营养和阳光、空间，最终将大树绞杀至死。

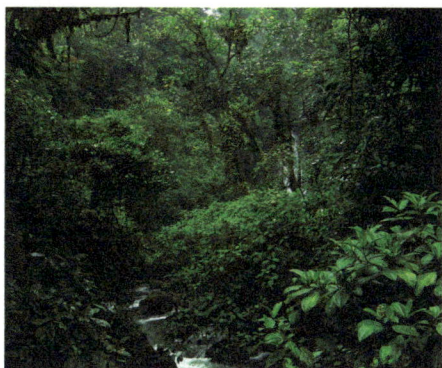

南美洲热带雨林

主要分布在南美的亚马孙河流域、西非的刚果盆地和东南亚等地区。地处热带北缘的中国台湾、海南、广西等局部地区也有分布。

红树林

由红树科常绿灌木和小乔木组成的一种特殊类型的森林，生长在热带和南亚热带海湾或河口淤积的盐土上。中国广东、海南及福建沿海也有分布。红树林生态习性非常奇特，能在含盐量很高的海滩上繁衍生长。

由于海水环境条件特殊，红树林植物主干一般不无限增长，而从枝干上长出特殊根系，包括有支柱根、板状根、榄状根、呼吸根等，扎入泥滩中以支持稳定植株。涨潮时，可被淹没，仅留树冠，如漂浮在海上；落潮时，近泥面处的支持根和呼吸根借以固着和进行气体交换。种子在树上萌发成锥状幼苗，然后脱离母体，借重力坠入泥中，继续发育成新株。

海南东寨港国家级自然保护区内的红树林

红树植物是红树林群落中的主要生产者，它们的花、叶、枝条散落泥水中被微生物分解，又为底栖动物鱼、虾、蟹等提供了营养物质。因而在红树林中，碎屑食物链起着重要作用。

红树林能够起到防风防浪、固滩护堤的作用，还有净化水污染的作用。因此，保护和发展红树林是开发热带及南亚热带沿海资源中必须重视的问题。

松树

松科松属植物的统称。主要产于北半球，各地都组成大面积森林，也是人工造林与栽培观赏的重要树种。

全世界松属植物约有111种，广泛分布于北半球，北至北极地区，南至北非、中非、中南半球至苏门答腊赤道以南，多数种类生于亚热带及温带地区，少数种类生于寒带及热带地区。中国有22种10个变种。

松树绝大多数是常绿高大乔木。最高可达75米。极少数灌木状。初生叶1～3年后出现针叶。针叶通常2、3、5枚成束，着生于短枝的顶端。球花单性，雌雄同株。球果由多数种鳞组成，成熟后木质化，除少数树种外，种鳞张开，种子脱落。

松树可以生长在各种不同的土壤上，但以在疏松肥沃土壤上的生产力高。大多数松树尤其是二针松是喜光树种，耐阴性弱。抗旱性强，过多的土壤水分对松树生长不利。

松树木材可供建筑、矿柱、桥梁等用，还是造纸工业的重要原料之一。从树干割取松脂以提取松香和松节油。松树种子富含蛋白质和油脂，其中有20种松树（如红松、偃松等）的松子油有食用价值。红松种子还可入药，名为海松子，是滋养强壮剂。树皮、种皮富含单宁，可制取栲胶。树皮粉碎后，与其他原料混合、加压可制成硬纤维板。松树针叶可加工成饲料添加剂，也可提取松针挥发油。松枝和松根还是培养名贵药材茯苓的原料。树姿雄伟、苍劲，树体高大、长寿，具有重要的观赏价值，是中国风景区的主要景观成分。

水杉

柏科水杉属的一种。中国特有的孑遗珍贵树种，被誉为"世界之宝"。高大落叶乔木，高 30 ~ 40 米，树干笔直挺拔，全树呈塔形，叶在小枝上羽状排列，球果下垂，为雌雄同株的植物。水杉生长迅速，适应能力强，耐寒喜湿，是优良的绿化树种，现在中国各地都已引种栽培，世界各国也大量引种。

水杉

水杉是非常珍贵的稀有植物，早在1亿多年前中生代的白垩纪，水杉曾广泛分布于欧亚大陆。由于第四纪冰川的影响，水杉在大部分地区都已绝迹，仅在少数没有受到冰川袭击的地区幸存下来，被称为"植物界的大熊猫"。

苏铁

苏铁科苏铁属的一种。又称铁树。分布于中国福建、广东、台湾，各地均有栽培。常绿乔木。树干圆柱形，高约2米或更高。树干表面有螺旋状排列的菱形叶柄残痕。叶大型羽状，革质，坚硬，生于茎的顶部，倒卵状披针形。雌雄异株。雄球花圆柱状，多枚楔形的小孢子叶螺旋状着生于花轴上。雌球花由多枚大孢子叶组成，密生淡黄色或淡灰黄色绒毛，上部羽状分裂。种子倒卵圆形或卵圆形，稍扁，成熟时红褐色或橘红色。

苏铁喜暖热湿润的环境，不耐寒冷，生长慢，寿命长，可达200年。在中国南方10龄以上的苏铁几乎每年均可开花结子，但长江流域和北方各地栽培的苏铁常终生不开花或偶有开花。苏铁树形优美，为著名观赏树种。茎内含淀粉；种子含油和丰富的淀粉，微毒，可食用和药用，有治痢疾、止咳和止血之功效。

银杏

银杏科银杏属仅有的一种。又称公孙树、白果树。高大落叶乔木。银杏根扎得很深，且非常发达。它的生长速度非常缓慢，消耗的养料相对较少，这就使它们能在一个地方生活上百年，甚至上千年。银杏被雷击坏或被人砍伐后，在千年老树树干的基部和根部，仍能萌发新枝。有的古树上常长出不同年代的老年期、壮年期、青年期、幼年期枝干，形成"五代同堂"的公孙树。银杏是雌雄异株植物，种子在 10 月成熟，黄色的种子很像杏，所以称为银杏。银杏有 3 层种皮，外种皮肉质，有一种辛辣味；中种皮是白色的硬壳，称为白果；内种皮膜质，红褐色。

北京潭柘寺帝王树——银杏树

银杏是现在地球上生存的一种最古老的高等植物，是中国特有的珍贵树种。银杏的经济价值很高。树材是高级家具和工艺雕刻的优良用材；枝叶含抗虫毒素，对病虫害具有特殊的抵抗能力，从叶中提取的冠心酮、银杏黄素对冠心病、心绞痛有一定的疗效；种子是著名的干果，含蛋白质、脂肪、糖类、少量组氨酸、胡萝卜素和核黄素等，可食用和药用。

樟树

樟科樟属的一种。常绿乔木。因其各部位都含有樟脑香味，又称香樟。产于中国南方及西南各省区，越南、日本也有分布。

树高可达 40 米，胸径达 3 ~ 4 米。叶互生，薄革质，卵形或椭圆状卵形。花两性，圆锥花序腋生。浆果球形，果皮呈紫黑色，有光泽。喜光，幼时稍能耐阴。以土层深厚、肥沃、湿润呈中性或酸性的壤土栽种最为适宜。耐湿。根系发达，主根强大。主要用播种方式育苗，少量繁殖可用分根或分蘖。

樟树可作行道树栽植，绿

化美化城市生态环境。含有挥发油和特殊香气，耐湿、抗腐、驱虫、保存期长，是贵重的家具、建筑、雕刻用材。根、干、枝、叶可提制樟脑和樟油，是化工、冶金、医药、香料、食品工业及国防工业等的重要原料。

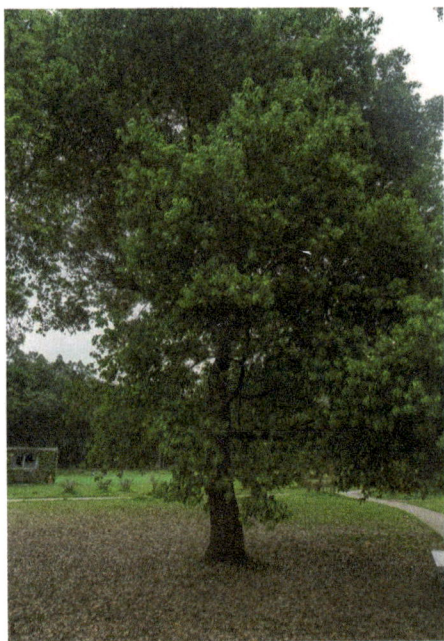

樟树

楠木

樟科楠属和润楠属树种的统称。主要产于中国。包括闽楠、滇楠、细叶楠、普文楠、白楠、华东楠、刨花润楠、润楠、利川润楠、滇润楠、红楠等。

常绿乔木或大乔木，树干端直。单叶互生，圆锥状聚伞花序。浆果呈椭圆形或椭圆状卵形。喜温暖气候和肥沃、湿润酸性土壤。多与其他阔叶树混生成林，常见于山坡下部或溪边。幼苗和幼树耐阴，长大后喜光。可用种子繁殖，也可天然更新。

木材优良，具芳香气，硬度适中，弹性好，易于加工，很少开裂和反挠，为建筑、家具等的珍贵用材。楠木木材和枝叶含芳香油，蒸馏可得楠木油，是高级香料。

柳树

杨柳科柳属植物的统称。落叶乔木或灌木。有520多种，主要分布在北半球温带、寒带。中国有257种122个变种和33个变型，遍及全国各地。造林树种主要有旱柳、垂柳、白柳。

无顶芽，芽鳞1枚。单叶，披针形或卵状披针形。花单性，雌雄异株，柔荑花序，苞片全缘，无花被。蒴果，2裂。种子小，有毛。喜光，耐水能力强。有些柳树也耐干旱。生长快，萌芽力强，寿命短。以插条繁殖为主，也可种子繁殖。

木材为建筑、坑木、包装箱板、胶合板、炊具、农具、火柴杆等用材和造纸原料。一些种类的枝条可供编织柳条篮、筐、帽等，一些种类则可供观赏。柳树是蜜源植物，也是固堤、护岸、防风固沙和改良盐碱地的重要树种。

桦树

桦木科桦木属植物的统称。落叶乔木或灌木。约有100种，主要分布于北温带，少数种类分布至寒带。中国产约30种，几乎全国都有分布。主要种类有白桦、红桦、硕桦、黑桦、岳桦、垂枝桦等。树皮多光滑，多为薄层状剥裂。单叶互生，多复锯齿，稀单锯齿。花单性，雌雄同株。柔荑花序，雄花序2～4枚簇生；雌花序单一或2～5枚生于短枝的顶端。坚果具膜质翅，果苞革质，先端3裂。种子单生，具膜质种皮。桦树喜光，不耐阴。较喜湿润，对土壤要求不严。萌芽力很强，采伐后可自行萌芽更新。

木材较坚硬，富有弹性，结构均匀，心边材不明显。可作胶合板、卷轴、枪托、细木工家具及农具用材。树皮可热解提取焦油，还可制工艺品。树形美观，秋季叶子变为黄色，是很好的园林绿化树种。

竹

禾本科竹亚科植物的统称。一般为木本，还包括少数草本和近草木的种类，称为草本状竹。

全世界木本竹类植物约有60属900多种（一说80多属，1200多种），草本竹类植物25属110多种。中国约有30属300多种，主要竹种有合轴丛生的青皮竹、撑篙竹、慈竹，单轴散生的毛竹和桂竹，复轴混生的茶秆竹等。全球有三大竹区：亚太竹区、美洲竹区、非洲竹区。

竹为常绿（除少数竹种在旱季落叶外）浅根植物，要求温暖、湿润的气候条件。对土壤水肥条件要求较高。土层深厚、肥沃、湿润，富含有机质、酸性的土壤最适。竹多数属中等耐阴植物，常侵入阔叶林或针叶林中混交生长。

中国竹林面积约4.5万平方千米。竹资源的培育与竹加工已成为一个强大的新兴产业，在建筑、轻工、食品、家具、包装、运输等行业得到广泛的应用。

箭毒木

桑科见血封喉属的一种。又称见血封喉。分布于中国云南南部、广东、广西、海南等省区。斯里兰卡、缅甸、越南、柬埔寨、印度等地也有分布。常绿大乔木，高达40米。大树偶见有板根。单叶，互生，长圆形或椭圆状长圆形，全缘或有粗锯齿。花单性，雌雄同株；雄花密集于叶腋，生长在一肉质、盘状、有短柄的花序托上，花被片4，稀为3，雄蕊与花被片同数而对生；雌花单生于一具鳞片的梨形花序托内，无花被，子房与花序托合生。果肉质，卵形，红色，长约1.8厘米。生长在海拔1000米以下的山地常绿阔叶林中。树干流出的乳汁有剧毒，所含有毒成分 α-见血封喉苷和 β-见血封喉苷，有强心、加速心跳、增加血输出量的作用，在医药方面有研究价值。为中国濒危保护植物。

仙人掌

双子叶植物的一科。绝大多数为多年生草本，少数为灌木或乔木状植物。茎肉质，呈球状、柱状或扁平状，常有关节和分枝，茎上有螺旋状排列的特殊刺座，其上着生有刺、毛、腺体或钩毛、花。

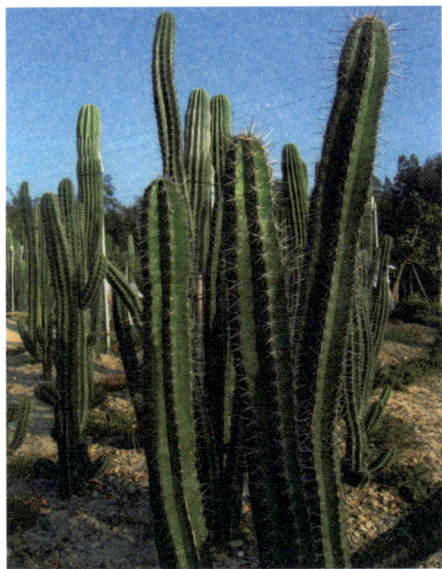

巨型仙人掌

仙人掌生长在热带和亚热带的沙漠地区，约有110属2000多种，常作为观赏植物和经济作物栽培。科学研究证明，仙人掌含多种生理活性物质，具有免疫调节、调脂降压、消炎健胃、清热解毒等功效。果实含有丰富的营养物质和维生素，可作水果食用；嫩茎可作蔬菜或制蜜饯。

金花茶

山茶科山茶属的一种。分布于中国广西南部。越南可能也有分布。常绿灌木或小乔木，高2～5米，树皮淡灰黄色，叶色深绿，花冠金黄色，具有蜡质光泽，晶莹油润，有半透明感。花开放时呈杯状、壶状或碗状。形态多姿，秀丽雅致，色彩鲜艳，是庭院优美的观赏花卉。到目前为止，世界上几千个品种的茶花中，还未找到其他金黄色的品种，因此金花茶备受国内外园艺学家们的重视。

金花茶是中国珍贵植物，它的经济价值很高。叶能治痢疾并可外洗烂疮，还可以泡茶作饮料；花可以治便血和月经过多，也可以用作食用色素；种子可榨油，供食用及工业原料用；树干结构细致，木质坚硬，专供雕刻工艺品。

梧桐

锦葵科梧桐属的一种。又称青桐。原产中国，自华南至华北广泛栽培。落叶乔木，高达16米。单叶，互生，心形，掌状3～7浅裂至深裂。圆锥花序；花单性或杂性；萼裂片5，条状披针形；无花瓣；雄花雄蕊15，结合成柱状；雌花心皮3～5，合生，子房5室。菁葵果5，内有种子2～4个；种子圆球形，棕褐色。作为观赏树木已有2000年以上的历史；木材轻软，为制乐器的良材；树皮纤维可造纸和编绳；种子炒熟后可食或榨油；叶、花、根、种子均可入药，具有清热解毒、健脾祛湿之功效。

面包树

桑科波罗蜜属的一种。又称面包果。分布很广，印度、斯里兰卡、巴西等国和中国海南、广东、台湾都有生长。常绿乔木。一般高10～15米，具有白色乳汁，枝条粗大，开张。叶大，掌状深裂，革质，长40～60厘米，宽达28厘米。雌雄同株，雌花丛集成球形，雄花集成穗状。从它的枝条上、树干上直到根部都能结果。每个果实是由一个花序形成的聚花果，大小不一，大的如足球，小的似柑橘，最重可达20千克。每株树可以结果实六七十年。

果实营养非常丰富，含有大量淀粉和丰富的维生素A、维生素B，以及少量的蛋白质和脂肪。人们从树上摘下成熟的果实，放在火上烘烤到黄色即可食用，味道酸中有甜，松软可口，口感与面包差不多；还可用来制作果酱和酿酒。

猪笼草

猪笼草科猪笼草属的一种。大多数生长在潮湿的热带森林里，分布于中国广东南部、海南。中南半岛也有分布。偃状攀缘半灌木，食虫植物。叶片中脉伸出去变成卷须，可以攀附着别的东西向上升，卷须的顶部生出一个囊状物，好像奶瓶一样。瓶口上有一个盖，可防止雨水落入瓶内，瓶内有消化液，瓶口内壁能分泌又甜又香的蜜汁。贪吃的小昆虫闻到香味就会爬过去吃蜜，当它

猪笼草叶片的前端长着有盖的捕虫袋，袋子长度可达 35 厘米

们吃得正香时，脚下一滑就会掉入瓶中，被瓶中的消化液分解并被猪笼草吸收作为营养。

捕虫堇

狸藻科捕虫堇属的一种。分布于北美、俄罗斯和北欧瑞典等地，中国不产。多年生草本食虫植物。叶基生丛生，莲座状，叶片长椭圆形，淡黄绿色，上部外卷，边缘内卷，肉质肥厚，叶面上生有两种腺体：一种腺体有柄，能分泌黏液；一种腺体无柄，能分泌消化液。当昆虫落到叶面上时，即被有柄腺体粘住，昆虫极力挣扎，欲脱身时叶片受到震动感应，边缘进一步内卷，包围虫体，此时无柄腺体分泌出消化液，1～2小时内消化液开始消化昆虫。

珙桐

蓝果树科珙桐属的唯一种。落叶乔木。在第三纪时，

珙桐曾较广泛地分布在世界一些地区，由于第四纪冰川的影响，大部分已绝迹，现仅在中国少数地区有自然生长，主要分布于海拔 1600 ~ 2000 米的深山密林中，是中国特有的珍贵树种。为国家一级重点保护野生植物。

珙桐树干笔直，高达 20 余米，树皮深灰褐色，叶片近于圆形。开花时球形的花序被 2 ~ 3 片白色的叶状苞片所托，白色苞片布满树梢，在阳光下闪闪发光，如群鸽栖息，故珙桐有"鸽子树"之称。珙桐喜凉爽气候和湿润的土壤，成活后 10 ~ 15 年开花。20 世纪初传入英国，现在许多国家都已引种，广泛栽培，遍布世界各国。

黄栌

漆树科黄栌属的一种。分布于中国华北、陕西、浙江和西南地区。灌木或乔木，高 3 ~ 5 米，树冠呈圆形。单叶，互生，叶片宽椭圆形或倒卵形，长达 8 厘米，宽达 6 厘米；叶柄细长。圆锥花序顶生；花小，杂性；花萼 5 裂，花瓣 5，雄蕊 5；子房 1 室；有花盘；紫绿色。核果小，肾形，红色。花期 4 ~ 5 月，果期 6 ~ 7 月。习生于向阳山坡。其木材入药，除烦热，解酒疸、目黄，水煮服之。

黄栌的变种之一称为红叶。分布于中国河北、山东、河南。欧洲东南部也有分布。叶卵圆形或近圆形，两面有毛，下面毛更密生，花序有柔毛。其叶入秋红色美丽，北京香山红叶即为此。

黄栌

雪莲花

菊科风毛菊属的一种。分布于中国青藏高原。哈萨克斯坦、吉尔吉斯斯坦和蒙古国也有分布。多年生草本，高15～35厘米，根状茎，根颈部有多数纤维状残叶基，茎粗壮，径达3厘米。叶密生，基生叶与茎生叶近革质，矩圆形或卵状矩圆形，长达14厘米，无叶柄，边缘有齿。头状花序多数个在茎顶密集成球状；总苞半球形，被白色疏长毛；花紫色。瘦果矩圆形，冠毛污白色，外层糙毛状，内层羽毛状。生于高山岩缝和石质山坡。带花全株入药，有壮阳、调经、补血的作用。

雪莲花

蝴蝶兰

兰科蝴蝶兰属的一种。生于热带、亚热带丛林树干上。中国仅分布于台湾的恒春半岛、兰屿岛和台东。菲律宾也有分布。茎短，被叶鞘所包。叶片稍肉质，3～4片，上面绿色，下面紫色，椭圆形、长圆形或镰状长圆形，长10～20厘米，宽3～6厘米，具宽短鞘。花序侧生于茎基部，长约50厘米，花序轴略回折状。原野生种花白色（栽培种有红色、粉色等颜色），中萼片近椭圆形，侧萼片歪卵形。花瓣菱状圆形，长2.7～3.4厘米，先端圆形，基部短爪状。唇瓣3裂，基部有爪。

蝴蝶兰

倒裂片直立，倒卵形，长约2厘米，有红色斑点。中裂片菱形，长1.5～2.8厘米，先端渐狭并有2个卷须。蒴果，种子小而多。花期4～6月。具有重要的经济价值，是流行于世界各国的观赏兰花。

薰衣草

唇形科薰衣草属的一种。多年生芳香小灌木。世界主产国为法国、俄罗斯、保加利亚、意大利和匈牙利。中国在1952年引入。

株高30～60厘米，多分枝。叶对生，淡灰绿色，狭长，边缘卷曲。穗状花序，花淡紫色至深紫色，每轮有小花10～14朵，在萼片的缝线有小腺体。需充足的阳光，冬喜温湿，夏畏涝热，适栽于壤土和沙砾土。异花授粉。宜选择优良的无性系，用扦插、压条或分株法繁殖。

薰衣草是优良的蜜源植物。薰衣草油的主要成分为乙酸芳樟酯和芳樟醇，主要用于香水、香皂工业；医药学上用作兴奋祛风剂和药物矫味剂；还可用作瓷器描绘时的调色剂。

薰衣草

茉莉

木樨科素馨属的一种。常绿蔓性或直立灌木。又称茉莉花。花有香气，为芳香及观赏植物。原产印度、斯里兰卡，现中国各地都有栽培。枝条稍有棱，被短柔毛。叶对生，椭圆形或广卵圆形，嫩绿色，密生黄色细毛。花白色，每花序常有花3朵，有单瓣、双瓣和多瓣型，以双瓣型为主。6～11

月开花，着生在新梢上，夜间开放。要求长日照和炎热、潮湿的气候条件，适栽于肥沃、微酸性的砂质壤土或轻黏土。生长旺季用扦插法繁殖，也可用压条法繁殖。

除供观赏外，茉莉可熏制花茶；提取芳香油，作茉莉浸膏；调制茉莉香精，用于香皂、香水等化妆品工业。中医学上以花入药，可治外感发热、腹痛、疮毒等症。根有麻醉、止痛功能。

国、朝鲜。株高约2米，茎丛生多分枝，有绒毛、刚毛及刺，刺坚硬灰白色。羽状复叶，小叶3～9片，椭圆形或倒卵形，长2～5厘米，边缘有钝锯齿，质厚，上面光亮、多皱无毛，下面苍白、有柔毛及腺体。花单生或3～6朵聚生，白色、粉红及紫色，香气浓郁，花期5～6月。果扁球形，直径2～2.5厘米，红色平滑萼片宿存，果期8～9月。

茉莉花

玫瑰花

玫瑰

蔷薇科蔷薇属的一种。落叶灌木。原产中国、日本、韩

玫瑰可供观赏。鲜花可制芳香油，称为玫瑰油，为高级香料。花蕾及根可入药，有理气活血、收敛作用，可治肝胃

气痛、消化不良、肠胀满和月经不调。

梅

蔷薇科李属的一种。落叶乔木。又称春梅、干枝梅、红绿梅等。原产中国的传统名花、名果。

树高约 10 米，最大冠幅 12 米。树冠常呈不规则球形或倒卵形。叶广卵形至卵形，边缘具细锐锯齿。花先叶开放，一二朵，多着生于一二年生枝上。多为白色和淡红色，具清香。核果近球形，黄色或绿色。种子一粒。变种与变型甚多，果梅或梅花都有很多品种。梅喜温暖稍潮湿气候，要求阳光充足、排水良好的条件。较耐寒、耐旱和耐瘠薄。对土壤要求不严。多以嫁接繁殖，其次是扦插、压条等。

梅的枝干苍劲，花傲雪怒放，形状端雅，香味沁人心脾。

最宜植于庭院、草坪、低山、居住区及风景区等处。梅与松、竹相配，称"岁寒三友"。梅花也适于盆栽或作盆景，也是插瓶花的好材料。果实味酸而爽口，可加工食用，也可入药。

龙游梅树姿

牡丹

芍药科芍药属的一种。落叶灌木。又称木芍药、洛阳花、鹿韭等。原产中国。牡丹具深根性肉质根。株高 0.5 ～ 2 米。枝多而粗壮。羽状复叶，小叶阔卵形至卵状长圆形，先端

2～5裂，背面具白粉。春末开花。花单生枝顶，大型，白、红或紫色，花瓣5～10，雄蕊多数。蓇葖果。种子球形，黑色，有光泽。中国将牡丹分为3类12型：①单瓣类。有1型，即单瓣型。②重瓣类。分为千层组和楼子组2组。千层组有荷花型、菊花型和蔷薇型3型；楼子组有托桂型、金环型、皇冠型和绣球型4型。③重台类（又称台阁类）。又分为2组4型，即千层重台组的菊花重台型和蔷薇重台型，以及楼子重台组的皇冠重台型和绣球重台型。

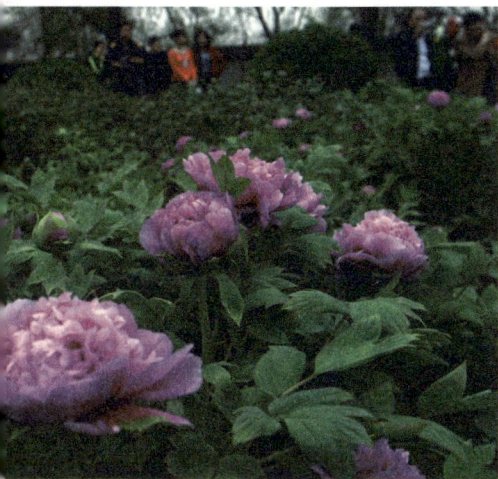

洛阳市国家牡丹园牡丹观赏园

牡丹性喜阳光充足、干燥温凉的环境，适于夏无高温、冬不甚寒之地。幼苗生长缓慢，经4～5年栽培始可开花。6～15年生牡丹长势最为健壮。用分株、压条、嫁接或播种繁殖。

牡丹雍容华贵，花大叶茂，被誉为"花中之王"，为著名的观赏植物。根皮可加工成中药"丹皮"，有镇静作用。

桂花

木樨科木樨属的一种。常绿灌木至乔木。因其叶心有纵纹，形如圭而得名。又称木樨、岩桂、九里香等。原产中国西南、中南地区。现长江流域广泛分布。

株高达20米。叶对生、革质，椭圆形至椭圆状披针形。花小，簇生于叶腋，极芳香。核果椭圆形，熟时灰蓝色，含种子一粒。主要变种、品种有：①金桂，花黄色，为栽培最多的一个变种。②银桂，花黄白或淡黄色。③丹桂，为珍稀变种，花橙色、橘红至浅橙色。④四季桂，为珍稀品种，植株较矮而萌蘖较多，花香不及前几种。但每年开花次数约10次或连续不断，以秋季为盛。

性喜光，喜温暖通风环境。喜肥，也耐瘠薄，但不耐水湿。用压条、扦插、嫁接或播种方式繁殖。秋季开花时香气四溢，沁人心脾。花朵是食品和轻工原料，枝、叶、花可入药。木质坚实细密，是雕刻良材。

兰花

常指兰科植物中的栽培种类，有时也作兰科植物的习称。多数为宿根草本，如春兰、蕙兰、建兰、墨兰及寒兰等。主要分布于长江流域以南诸省区。喜生于林下略荫蔽但排水良好的地方。中国自宋朝就有相当广泛的栽培，并有专著。兰花是中国知名的花卉，庭园间广为栽培。叶多半青翠挺拔，带形或剑形，聚生于缩短的假鳞茎上。花葶短或修长，直立或略外弯。花的色泽多在白色至红紫色之间，纯白色的称素心兰，较为名贵。由于栽培历史悠久，品种极多，体态、花色、香气各异，不少名品雅致、素淡、清香四溢。

樱花

蔷薇科李属的一种。落叶乔木。又称山樱花、福岛樱。广泛分布于北半球的温带与亚热带地区，亚洲、欧洲至北美洲均有分布，但主要集中在东亚地区。中国西部、西南部及日本、朝鲜一带集中了大部分种类。著名的春季观赏花木，有300多个樱花品种。树皮暗褐色，光滑，小枝无毛。叶卵形至卵状椭圆形。花白色或淡粉红色，伞房状或总状花序，萼筒钟状。花与叶同放。主要品种有重瓣白樱花、重瓣红樱花、垂枝樱花等，其他种有日本晚樱、日本樱花、早樱等。樱花为温带树种，性喜光，喜深厚肥沃而排水良好的土壤，有一定耐寒能力。用扦插或嫁接方式繁殖。

昙花

　　仙人掌科昙花属的一种。多浆附生性灌木。原产墨西哥及中南美洲森林中，现引种世界各地栽培。多年生常绿肉质植物。老枝圆柱形，新枝扁平，呈叶状。刺座生于圆齿缺刻处，幼枝有毛状刺，老枝无刺。花白色，于夏季晚间8～9时开，经4～5小时后凋谢。花生于叶状枝边缘，大型，无梗，漏斗状；重瓣，花瓣披针形，具芳香气，花萼红色，成熟时开裂。种子黑色。喜温暖湿润和多雾环境，忌阳光暴晒，不耐寒，

以肥沃排水良好的砂质壤土为宜。通常用扦插繁殖。可采用"昼夜颠倒"法栽培使其白天开花。适于点缀客厅、阳台及庭院。还可入药。

昙花

菊花

　　菊科菊属的一种。多年生草本。菊花大部分类型原产中国。古名鞠。为中国传统名花之一。现世界各国均有栽培。

　　全世界共有上万种菊花。依花径可分为大菊和小菊；依花期可分为春菊、夏菊、秋菊、冬菊（寒菊）和四季菊；依花色可分为黄、白、粉、紫、橙、褐、绿，以及间色和复色等。茎多分枝，基部木质化。株高

0.4～2米。单叶互生，边缘具粗大锯齿或深裂。头状花序，外围为舌状花；中心为筒状花，常稀少或阙如。花序下为总苞，舌状花多为雄性花，筒状花为两性花，雌蕊柱头两歧。瘦果。为短日照植物。喜光。适应性强，中国从南至北均能栽植。性耐寒。种子或营养体繁殖均可，而以扦插繁殖为主。

a 宽带型　　b 匙球型

c 疏管型　　d 松针型　　e 平桂型

菊花类型

菊花观赏价值较高，除盆栽或配植花坛外，常用作切花材料。黄菊与白菊可入药，性微寒、味甘苦，散风清热、平肝明目，主治感冒风热、头痛、目赤等症。白菊花可作饮料，称为茶菊；味甘甜的菊苗及白菊的花瓣，可作蔬菜。

莲花

莲科莲属的一种。多年生宿根水生植物。又称荷花、荷、芙蕖、水芙蓉等。莲原指其果实，习称莲蓬；后花、果实都泛称为莲。其地下茎的肥大部分称莲藕，简称藕。中国南北各地广泛种植。

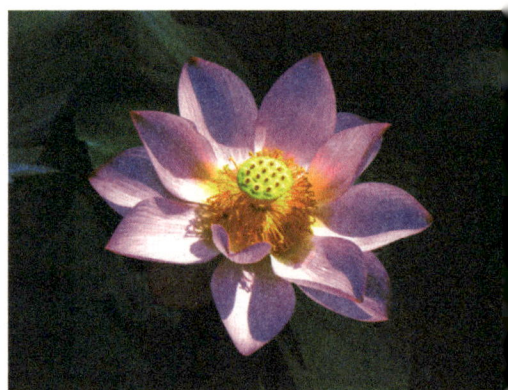

莲花

莲喜相对稳定的静水，忌涨落悬殊和风浪较大的流水，水深一般不宜超过1.5米。要求日照充足。土质以富含有机质的黏壤土为宜。莲子寿命特别长，千年古莲子仍能萌发新株。莲以分株繁殖较常见，也可播种繁殖。藕和莲子营养丰富，生食、熟食均可。藕可加工成藕粉、蜜饯等，花叶可供观赏，莲各部分均可入药。

郁金香

百合科郁金香属的一种。多年生宿根草本。庭园中广为栽培的美丽花卉。原产小亚细亚，中国有引种栽培。通常用鳞茎繁殖。鳞茎外面覆以薄的、皮纸质的鳞茎皮，皮内近基部与上端有少数伏毛。叶 3～5 枚，披针形至近卵形。花葶从叶丛中抽出，高 30～50 厘米，通常顶生单朵花；花大，艳丽，钟形，仰立，有红、黄、白等色，或间有彩条或中心略带黑紫色；花被片 6，离生，长 5～7 厘米，内轮 3 片比外轮 3 片略宽而短；雄蕊 6，通常深紫色；子房上位，柱头鸡冠状，直接生于子房顶端。郁金香宜种植于土层深厚、疏松肥沃的土壤，忌连作。矮壮品种是春季花坛的重要品种，高茎品种是上等的切花材料。

作物

直接或间接为人类需要而栽培的植物，俗称庄稼。作物包括粮食作物、油料作物、薯类作物、糖类作物、饮料作物、调料作物、药用作物，以及蔬菜、瓜果、木本植物的果树等园艺作物。

作物由野生植物经驯化栽培而成。各种作物都各有自己的故乡。例如，水稻、大豆、茶和香蕉的故乡是亚洲，小麦和高粱的故乡是亚洲和非洲，油棕、咖啡、西瓜的故乡是非洲，可可、玉米、橡胶、马铃薯、西红柿的故乡是美洲，甜菜的故乡是欧洲。现在它们已散布到全球可能栽培的地方。作物对温度、光能、水分等条件有一定要求，制约着作物在世界不同地区的分布。

肥料

提供一种或一种以上植物

必需的营养元素，或兼可改善土壤性质，提高土壤肥力水平的一类物质。

肥料的种类很多，通常分为有机肥料、无机肥料和有机无机肥料。有机肥料又称农家肥，即天然肥料，包括厩肥、人粪尿、绿肥、堆沤肥等。有机肥料中含有大量的有机质，是土壤中有机质的重要来源。施有机肥料有利于提高土壤中原有养分的有效性和土壤肥力，又能起到改良土壤的作用，变瘦土为肥土，变坏土为好土，有利于作物的生长。但有机肥料也存在养分含量较低，施用量大，施肥过程中需要劳动力多，肥效较慢，不便运输、贮藏等缺点，因而常采取施用无机肥料来弥补有机肥料的不足。无机肥料又称化学肥料，是由工厂用化学方法合成或加工制成的。无机肥料一般养分高，肥效快，但大量施用会改变土壤酸碱度。有机无机肥料即半有机肥料，是把有机肥料与无机肥料通过机械混合或化学反应而制成的肥料。

积温

某一时段内逐日平均温度累加之和。一般以℃或℃·d表示。它是衡量生物生长发育过程热量条件的一种标尺，也是表征地区热量条件的一种标尺。

积温的种类包括：①活动积温。高于或等于生物学下限温度期间日平均温度的总和。多用于农业气候研究。②有效积温。活动温度与生物学下限温度之差称为有效温度。生育期内有效温度的总和称为有效积温。多用于生物发育速度的计算。③负积温。零下日平均温度的累加，表示寒冷程度。多用于越冬作物冻害分析。④地积温。日平均土壤温度的累加。多用于作物出苗或苗期冷害等研究。

积温反映生物对热量的要求，可为地区间作物引种、新品种推广服务；可作为分析地区热量资源、编制农业气候图的热量指标；在农业气象预报中用以预报作物发育期。

水稻

禾本科稻属的一种。一年生草本植物。又称禾、谷等。主要分为水稻和陆稻。水稻一般栽种在水田里，陆稻一般栽种在旱地。水稻叶子狭长，圆锥花序生在茎秆顶部，称作稻穗，每个稻穗有 100 ~ 200 个小穗，结的颖果就是稻谷。稻谷去壳后就被称为大米。

稻谷要经过砻谷、碾米和副产品整理等加工过程，才能得到食用精米。精米含淀粉、蛋白质、脂肪、维生素及一些矿物质，养分因糠层被碾去而

有损失。水稻除作主粮外，还可以用来酿酒、制淀粉、制醋；米糠是家畜的好饲料；秆叶可制作饲料或造纸，还可以编草绳、草包等。

水稻

小麦

禾本科小麦属的一种。一年生或越年生草本植物。茎中空，圆筒形，茎上有节；叶片带形；穗状花序，着生在茎秆顶部，称麦穗，上有许多小穗，小穗一般有 2 ~ 9 朵小花，小花结实就是麦粒。麦粒脱去稃壳为籽粒，籽粒研磨成粉就是我们常吃的面粉，俗称白面。

世界上有 1/3 的人口以小麦作为主粮。

中国栽培的小麦分为春小麦和冬小麦两大类。在内蒙古及东北、西北等较寒冷地区，一般春天播种秋天收获，称为春小麦。在长江流域及华北地区，一般秋冬播种，第二年初夏收获，称为冬小麦。小麦含较多的蛋白质及少量的脂肪、多种矿物元素、维生素 B。面粉是主粮，用于制作各种食品；籽粒可用于酿制白酒、啤酒和酱油、醋等；麸皮可作饲料；麦秆可作粗饲料和造纸原料，还可用于编制手工艺品。

小麦

燕麦

禾本科燕麦属植物的统称。一年生草本植物，饲料和粮食作物。燕麦属约有 25 种，主要分布在北半球的温带地区。俄罗斯的种植面积较大。中国在内蒙古的阴山南北，河北的坝上，山西的太行、吕梁山区种植较多。

燕麦分有稃和裸粒两大类型。前者称皮燕麦，主要用作饲料；后者称裸燕麦（中国北方称莜麦或油麦），籽粒供食用。其他国家栽培以皮燕麦为主。中国以裸燕麦为主，产量占燕麦总产量的 90％以上。株高 60～120 厘米，须根系，入土较深。幼苗有直立、半直立、匍匐 3 种类型。自花传粉，异交率低。为长日照作物，喜凉爽湿润，忌高温干燥，生育期间需要积温较低，但不适于寒冷气候。对土壤要求不严，能耐 pH 5.5～6.5 的酸性土壤。

以播种繁殖。

燕麦营养价值较高，是制作饼干、糕点的原料。秸秆、茎叶柔软多汁，适口性好，蛋白质、脂肪和可消化纤维含量高，是优质饲料。还可用于制造肥皂和化妆品。

玉米

禾本科玉蜀黍属的一种。一年生草本植物。又称玉蜀黍，俗称苞谷、苞米、棒子、珍珠米等。原产于墨西哥或中美洲，栽培历史已有 4500 ～ 5000 年，但其起源和进化过程仍无定论。1492 年 C. 哥伦布发现美洲后，于 1494 年将玉米带回西班牙，逐渐传至世界各地。玉米引入中国栽培的历史仅有 500 多年。据考证，安徽北部的颍州在 1511 年（明代）刊印的《颍州志》上最先记载了玉米；1578 年李时珍著《本草纲目》中也有"玉蜀黍种出

西土"之句。传入途径，一说由陆路从欧洲经非洲、印度传入中国西藏、四川；或从麦加经中亚、西亚传入中国西北部，再传至内地各省。一说由海路传入，先在沿海种植，然后再传到内地各省。

玉米

根据玉米籽粒性状的差异，可分为马齿型、硬粒型、爆裂型、蜡质型、甜质型、甜粉型、粉质型、有稃型。中国是一年四季都有玉米生长的国家。北起黑龙江省的讷河，南到海南省，都有玉米种植。玉

米用途较为广泛，籽粒不仅可作粮食，还是多种轻工业产品的原料。

高粱

禾本科高粱属的一种。一年生草本植物。又称蜀黍、秫秫、茭草、茭子、芦穄、芦粟等。主要粮食和饲料作物之一，也是中国酿造工业的重要原料。在世界热带和温带有 90 多个国家栽培高粱。

高粱按用途可分为粒用、糖用、饲用和工艺用。籽粒主要供食用或饲用的高粱属粒用高粱。茎秆多汁、含糖丰富的类型属糖用高粱，用于制糖浆和糖。饲用高粱是指专用作饲草的高粱。工艺用高粱多用于编织和扎制扫帚或炊帚。

植株高大，茎秆直立，高0.5～2.5 米。叶片狭长，似玉米。须根系庞大，多集中在耕层。圆锥花序着生于茎顶，穗紧密或松散。常异花授粉。籽粒为椭圆、倒卵或圆形，呈红、褐、黄、白等色。为喜温的碳四作物。高粱对土壤要求不严，抗逆性强，较耐旱，成熟期抗涝，耐瘠薄，较耐盐碱。

高粱

粟

禾本科狗尾草属的一种。一年生草本植物。学名为粟，去壳后称为小米。中国古农书称粟为粱，糯性粟为秫。甲骨文"禾"即指粟。中国种粟历史悠久，出土的粟粒距今有六七千年。

秆粗壮，高约 1 米。粟性

喜温暖,耐旱,对土壤要求不严,适应性强,可春播和夏播。粟按籽粒黏性可分为糯粟和粳粟。粟富含蛋白质、氨基酸、维生素等,营养价值很高。籽粒可食用或酿酒,茎、叶、谷糠可作饲料。

马铃薯

茄科茄属的一种。一年生草本植物。俗称土豆、洋芋、山药蛋等。重要的粮食、蔬菜兼用作物。马铃薯产量高,营养丰富,对环境的适应性较强,现已遍布世界各地。中国各地均有种植,黑龙江是全国最大的马铃薯种植基地。

普通栽培种马铃薯由块茎繁殖生长,形态因品种而异。株高 50 ~ 80 厘米。茎分为地上茎和地下茎两部分。地下茎即平常吃的或市场售卖的土豆,呈圆形、卵圆形或长圆形,有牙眼,皮白、黄、红或紫色。

地上茎呈棱形,有毛。性喜冷凉干燥,对土壤适应性较强,但以疏松肥沃的沙质土最佳。马铃薯主要用块茎进行无性繁殖。为避免切刀传染病毒和环腐病,应选用直径为 3 ~ 3.5 厘米的健康种薯进行整薯播种。

马铃薯块茎可烧煮作粮食或蔬菜,也可用来加工淀粉及制作花样繁多的糕点、蛋卷等。

棉花

锦葵科棉属的一种。原是热带地区的多年生木本植物,移植到温带以后,经过长期的人工栽培,已经演变为一年生草本植物。栽培棉种主要有陆地棉、海岛棉、亚洲棉和草棉。棉花的主茎直立,两性花,果通常称为棉铃或棉桃,皮坚韧,成熟后裂开,露出棉絮。棉花有强大的根系,比较耐旱,松软而有机物丰富的沙壤土最适于棉花生长。中国植棉历史已有 2000 多年，现在新疆、华北等地区都是重要的产棉区。棉花是纺织工业最主要的原料之一，棉纤维具有吸湿、保温、透气性好等特点，可用来纺纱线，织棉毯、布匹等；棉花脱脂后称脱脂棉，用于医药工业；棉籽含油量 35%～46%，可榨油；茎干含纤维，可作造纸原料或燃料，也可制绳。

新疆棉花

大豆

隶属于豆科大豆属。黄豆、青豆、黑豆的总称。一年生草本植物。茎直立或半蔓生，茎、叶和荚果被茸毛。花白色或紫色，种子椭圆形或近球形，有黄、青、褐、黑和双色等。大豆营养丰富，富含蛋白质和油分，含油量达 20% 以上，蛋白质含量达 40% 以上，被誉为"植物界的母牛"。大豆的茎、叶、荚壳可作饲料、肥料；大豆油是优质食用油，还是制造肥皂、油漆、酒精、硬橡皮、沥青代用品、蜡烛、人造汽油、人造乳酪、人造皮革、电木、电器绝缘用品、人造翡翠、人造珊瑚、人造羊毛和塑胶品的原料。造纸工业常用大豆蛋白质作为上浆剂或胶剂。

不同颜色的大豆籽粒

油菜

十字花科芸薹属中用种子

榨油的植物总称。一年生或越年生草本。中国和印度是世界上栽培油菜历史最悠久的国家。中国在新石器时代的西安半坡原始社会文化遗迹中就发现有距今6000～7000年的炭化菜籽或白菜籽。现在，油菜是中国最重要的油料作物之一，种植广泛。

油菜种子含油量为33%～50%，其蛋白质的氨基酸组成合理，赖氨酸含量与大豆相当，而赖氨酸、蛋氨酸等含硫氨基酸的含量则高于大豆，是中国有待开发利用的最大宗优质食用蛋白质来源。

花生

豆科落花生属的一种。一年生草本植物。又称长生果、万寿果等。陆地上的植物几乎都在地上开花和结果，唯独花生是在地上开花，地下结果，所以人们称它为落花生。

花生茎匍匐或直立，花黄色，受精后子房柄迅速伸长，钻入土中，子房在土中发育成茧状荚果。种子（花生仁）呈长圆、长卵、短圆等形状，种皮有淡红、红色等。

花生原产于巴西，性喜高温干燥，不耐霜，适于沙质土壤栽培。中国栽培极广，以黄河下游各地为最多，主要类型有普通型、多粒型、珍珠豆型、蜂腰型。

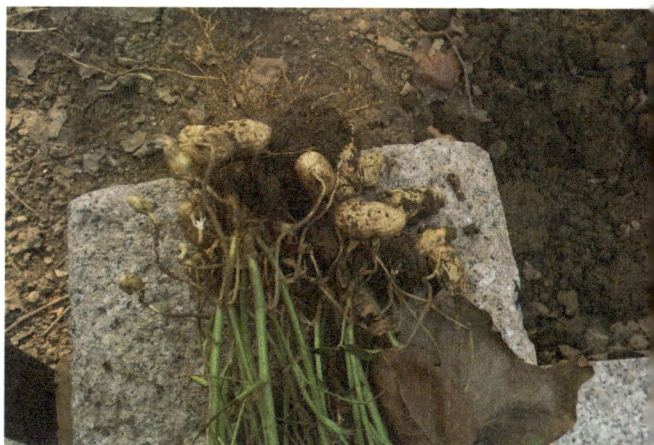

花生

花生的种子富含蛋白质、脂肪，主要用作油料，或作副食、糖果，果壳可制酒精、糖醛等，花生的茎、叶可作饲料。种子、种皮（花生衣）及叶均能入药，花生仁有补脾润肺、止血功能，治脾虚肺弱、痰喘咳嗽；花生衣能止血，可治疗出血症；叶能安神，可治失眠。

椰子

棕榈科椰子属的一种。常绿乔木，矮种的高 5 ~ 8 米，高种的可达 25 米。椰树茎干挺直，没有分枝；许多大型的羽状复叶簇生在茎顶，叶长 4 ~ 6 米；果实又圆又大，外果皮是一层坚硬的薄壳，中果皮是一层厚纤维称为椰衣，里面是木质坚硬的内果皮，果腔内有一层约 1 厘米厚的白色椰肉，中间储存有汁液。

椰子是热带沿海植物，有"宝树"之称。从椰子的花序上割取的椰花汁，经发酵可制椰子酒。椰果中的椰汁清凉爽口，可直接饮用；椰肉含脂肪、蛋白质，可供鲜食，还可制成椰

奶粉、椰蛋白、无色椰油、椰粉等；椰衣由粗纤维组成，可制绳索和地毯，也可加入橡胶胶乳制成海绵似的床垫、沙发垫等；椰壳可制成优质活性炭或加工成椰雕。椰木质地坚硬，木纹美观，可作家具和建筑用材。

茶树

山茶科山茶属的一种。多年生常绿木本植物，大多是小灌木。中国是种茶、饮茶最早的国家，是茶树的故乡。

中国茶树品种资源极为丰富，因加工方法各异，不同嫩度的芽叶可制成不同品质的茶，主要有红茶、绿茶、青茶、黄茶、白茶、黑茶等几大类。茶的新鲜芽叶不能直接饮用，又不耐贮藏，因此必须先及时粗加工成毛茶，再精加工成精茶。部分精茶再加工成花茶、茶砖及速溶茶等。

茶叶兼有药理和营养两方面的功效。茶籽约含蛋白质11％，脂肪32％，淀粉24％，糖4％。茶油可供食用，并可提炼茶皂素作工业原料。

咖啡、可可和茶并称为世界三大饮料作物。

咖啡

茜草科的一属。常绿灌木或小乔木。与可可和茶并称为世界三大饮料作物。咖啡的种子，俗称咖啡豆，经炒焙后研细即为咖啡粉，是一种良好的饮料。咖啡还可以提取咖啡碱作麻醉剂、利尿剂和强心剂，外果皮及果肉可制酒精或用作饲料。

咖啡这一名词来自古老的地名"咖法"。咖啡栽培已有2000多年历史，首先是由阿拉伯人栽培的。最初只用于咀嚼，后来才有炒食咖啡的习惯。17世纪中叶，意大利人开始把咖啡当作饮料，当时在欧洲算是一件新鲜事。由于咖啡长着亮绿对生的叶子，纯白星状的香花和深红色的浆果，风姿优美，所以欧洲人民还把咖啡作为观赏植物加以培植。此后，拉丁美洲成了咖啡的第二故乡。现在咖啡已遍布热带、亚热带的76个国家和地区，但主产国为巴西和哥伦比亚，产量占世界总产量的40％。在中国，咖啡于1884年首先在台湾栽种，以后又引入海南、云南、广西、福建等地。

咖啡豆

可可

锦葵科可可属的一种。常

绿乔木。原产于南美洲亚马孙河上游的热带雨林。中国主要分布在台湾和海南岛。

株高 4～10 米。叶长卵形,叶柄两端具枕。花小。果长圆至纺锤形,内含种子 20～40 粒。可可是典型的热带作物,喜高温、高湿、静风、有荫蔽的环境,以有机质丰富的肥沃土壤栽种为宜。用新鲜种子或用扦插、嫁接等方式繁殖。经常风大的地区需营造防风林。可可豆经焙炒加工成可可粉,是制造巧克力的主要原料;也可作饮料,是与茶、咖啡齐名的三大饮料之一;还可供药用。可可营养丰富,热量高,具有兴奋和滋补作用。

苹果

蔷薇科苹果属的一种。落叶乔木。原产于欧亚大陆中部,中国新疆也是原产地之一,目前全世界栽培品种有 10000 多种。在中国黑龙江、吉林、云南、贵州等地均有分布,并在辽宁、山东、河北、陕西、甘肃及江淮地区大量栽培。叶椭圆形或卵形,花为白色、淡红色或淡紫色。果实由子房和花托两部分发育而成。子房发育成为果心,花托发育成为果肉,这种果实称为梨果。苹果的优良品种很多,主要有黄香蕉、红香蕉、红星、新红星、丹霞、青香蕉、甜香蕉、富士、国光等。

梨

蔷薇科梨属的通称。落叶乔木或灌木,温带果树。全世界约有 25 种。2000 多年前,梨已成为中国普遍栽培的果树。现中国梨资源居世界之首,已定名的有 14 种,包括白梨、沙梨、秋子梨、新疆梨、川梨、褐梨、杏叶梨等。

梨的果实富含营养物质,如多种维生素和钙、铁、磷等矿物质，许多品种含糖量可达15％以上。除生食外，还可用于酿酒、制醋或加工成罐头食品等。许多品种耐贮藏运输。

桃

蔷薇科李属的一种。落叶乔木。全世界有3000多个品种，中国有800余种。依其地理分布并结合生物学特性和形态特征，可分为5个品种群。在中国，桃常被作为福寿吉祥的象征。

桃性喜光，抗寒性较弱，适宜种植在中性偏酸排水良好的砂质土壤中，一般用嫁接方式繁殖。桃的果实营养丰富，肉嫩多汁，风味鲜美而具芳香。除鲜食外，还可加工成果脯、果干、果酱、果汁、糖水罐头和速冻桃片，并可入药。

李

蔷薇科李属的一种。落叶小乔木。原产中国，已有2500年以上的栽培历史。叶长椭圆形或倒卵形，有锯齿。花通常3朵并生，白色。核果球形，果肉暗黄或绿色，近核部紫红色；果皮被蜡质果粉。多数品种自花不结实。按果皮颜色可分为黄色至橙红色、绿色至黄绿色、红色至胭脂红色和红紫色4个品种群。适宜在保水力强的较黏重土壤上生长。可用嫁接、扦插、分株或播种繁殖。果实味甜可口，核仁和根皮都能入药。

杏

蔷薇科李属的一种。落叶乔木。在中国的栽培起源较早，主要以黄河流域各省为主产地。叶宽卵圆形；花单生，花瓣白色或稍带红色；核果球形，果皮及果肉金黄色。杏耐寒力强，喜光，耐旱而不抗涝，能在各类土壤中生长，以排水良好的沙壤土最为适宜，常嫁接繁殖。

杏是中国北方主要栽培果树品种之一，果实早熟，色泽鲜艳，果肉多汁，味道甜美，酸甜适口。杏按用途可分为鲜食类、仁用类、仁干兼用类。

樱桃

蔷薇科李属的一种。落叶乔木或灌木。此属植物共有120种以上，自然分布于北半球温带。世界上主要作为果树栽培的樱桃有：欧洲甜樱桃、欧洲酸樱桃、中国樱桃和毛樱桃。此外，还有很多观赏种。中国北自山东、南至广东均有分布。叶片卵圆形至椭圆状卵圆形，有重锯齿。花成伞形或总状花序或单生，花瓣白色或粉色。核果小，近球形，红色至黑色或黄色，果肉多汁，稍甜带酸。树性抗寒耐旱，对土壤要求不严，但不耐涝。多用分株、扦插和压条等方法繁殖。欧洲甜樱桃用嫁接繁殖。果实

除供鲜食外，还可制作果酱、果酒、果汁、蜜饯及罐头等。叶、根、花均可入药。树姿优美，花、果色彩绚丽，可作为观赏植物。

樱桃

枣

鼠李科枣属的一种。落叶乔木。中国最古老的栽培果树之一，以河北、山东、河南、山西、陕西等省最多。枣树根系由行根和定根组成。枝条呈"之"字形弯曲，节部有针刺，分为发育枝（枣头）、结果母枝（枣股）和脱落性枝（枣吊）3种类型。叶光滑，呈长圆卵形或卵状披针形。花小，单生

或呈聚伞花序，生于叶腋。核果，圆形、长圆形、卵形、梨形或扁圆形，果皮深红或紫红色。喜光，耐旱、热，也耐寒和抗盐碱。品种丰富，中国有500种以上。按果形和生长特性分为长枣、铃枣、小枣和葫芦枣4种；按地理分布又分北枣和南枣。用分株和嫁接方式繁殖。可鲜食或制红枣、黑枣、蜜枣、酥枣、枣泥、枣酒、枣醋等。干枣为补品，酸枣仁可入药，枣花为蜜源；枣木可供雕刻作家具。

柿

柿科柿属的一种。高大落叶乔木。品种在800个以上。原产中国，北自辽宁，南至广东都有栽培。根据在树上软熟前能否自然脱涩分为涩柿和甜柿两大类。涩柿类果实采收后须经人工脱涩才能食用。中国绝大部分品种属此类，主要有磨盘柿、镜面柿、水晶柿、扁花柿、恭城水柿等。甜柿类果实在树上能自然脱涩。

磨盘柿

柿树皮浅灰色，成片状剥落。小枝被有褐色柔毛，叶片椭圆形至倒卵形，全缘，叶面光亮无毛，背面有短柔毛。花钟状，黄白色，单性和两性花。浆果，黄色至橘红色，卵球形、圆球形、扁圆形、圆锥形、方形等。性喜温暖和阳光充足。对土壤要求不苛刻。一般用嫁接方式繁殖。

柿果除鲜食外，还可加工制成柿饼、果酒或醋。鲜柿和柿饼，以及柿的果蒂、柿霜、叶和根等均可入药。柿树材质致密，纹理美观，可制贵重器具。

树形优美，果色红艳，有观赏价值。

石榴

千屈菜科石榴属的一种。温带落叶灌木或小乔木。又称安石榴。原产伊朗和中亚一带，史前就已驯化栽培。中国于汉代引种，现南北各地都有栽培。叶对生，倒卵形或长披针形，无毛。夏季开花，常呈黄、白等色，浆果球形而稍现6棱，秋季成熟。外种皮肉质半透明，多汁；内种皮革质。对土壤的要求不苛刻，以湿润的黏质壤土最适宜。一般用硬枝扦插或分株方式繁殖。果色艳丽，籽粒晶莹。除鲜食外，还可制果

石榴

汁和果酒等。果皮含单宁，可用以提取鞣料。果皮和根皮内含石榴碱，可提取供药用。石榴花鲜艳，花期较长，是良好的观赏花木和盆景材料。

中华猕猴桃

猕猴桃科猕猴桃属的一种。落叶木质藤本。又称阳桃、羊桃，简称猕猴桃。中华猕猴桃是猕猴桃属植物中果实最大、经济价值最高的一种。中国大部分地区均有栽培。雌雄异株。羽状复叶，倒卵形，叶缘具细齿，伞状花序或1花单生，乳白色，有香气。浆果，卵圆或椭圆形，黄褐色。性喜温暖潮湿、土层深厚、排水良好的背风阳坡或半阳坡。不耐旱、涝。宜用嫁接或扦插繁殖。抗病虫害能力较强。果实营养丰富，可鲜食，也可制糖水罐头、果酒、果汁、果酱等，并可用于糖果、糕点等食品。根供药用，藤条浸出

的水溶性胶液，可作造纸糊料，或作印染的胶料和建筑用的胶合剂。叶可作猪、牛、羊的饲料。花可浸提芳香油和配制猕猴桃酒。

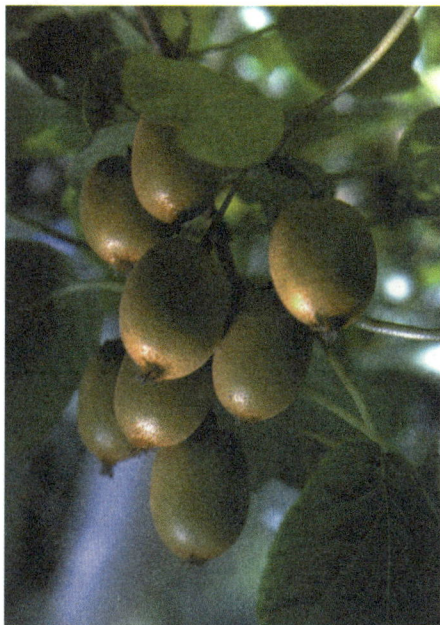

中华猕猴桃

葡萄

葡萄科葡萄属的一种。多年生落叶木质藤本。古名蒲桃、蒲陶。原产于欧洲、亚洲西部和非洲北部，中国西北、华北、华中各地都有栽培。

葡萄喜欢温暖干燥、阳光

充足的环境，靠卷须攀缘其他物体来支撑自身。葡萄的叶圆卵形，3～5裂；花为淡黄绿色；果实形状以圆和椭圆为多，有紫、绿、红、黑等不同的颜色。葡萄的品种很多，常见的有玫瑰香、巨峰、无核白等。

葡萄除鲜食外，还可制成葡萄干、榨成葡萄汁、酿造葡萄酒等。酿酒后的沉淀物称为"酒脚"，还可从中提取酒石酸以供药用。

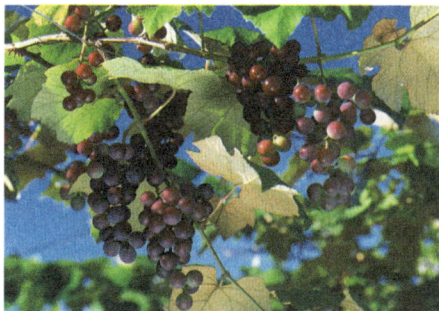

葡萄

草莓

蔷薇科草莓属植物的统称。多年生常绿草本。广泛分布于北半球和南美洲。草莓属有20余种，中国原产7种，除凤梨草莓供栽培外，其余为野生种。主要种类有东方草莓、森林草莓、绿色草莓、智利草莓和威州草莓等。植株矮小，株高不超过30厘米，茎分为新茎、根状茎和匍匐茎3种。三出复叶，椭圆形，聚伞花序顶生，花白色或淡红色。用分株、播种等法繁殖。性喜温暖湿润，要求较好的光照条件。不耐严寒、干旱，也不耐高温。果实由花谢后花托膨大而成，肉质多汁，属浆果，称聚合果。果实除鲜食外，还可制果酱、果汁、果酒等。用鲜果速冻加工，可保持固有品质，并便于储运。

草莓

柑橘

芸香科柑橘属、金橘属和枳属植物的总称，包括柑、橘、橙、柚子、柠檬等。世界柑橘生产的重要种类大都起源于中国，现有90多个国家生产柑橘。中国的柑橘分布于北纬18°～37°，经济栽培区集中在四川、台湾、广东、广西、福建、浙江、江西、湖南、湖北、贵州和云南等地。

橘子

柑橘果实具丰富的营养成分和独特的风味，除鲜食外，还可制成罐头、果汁、果酱、果酒、蜜饯等；从中提取的柠檬酸、香精油、果胶等可作食品和医药工业原料。橘皮、橘络等是中药材。花可熏制花茶，提取香精，也是良好的蜜源。柑橘树四季常青，树姿优美，可供观赏。

荔枝

无患子科荔枝属的一种。常绿乔木，又称离枝。主要分布于北纬 20° ~ 28° 的热带及亚热带地区。荔枝原产中国，栽培历史已达 2000 多年，宋代蔡襄的《荔枝谱》是最早的荔枝专著。

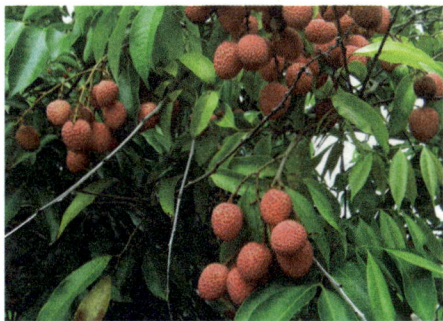
荔枝

树高可达 20 米。根系强大。压条繁殖苗无主根，成年后逐渐形成深而广的根群；嫁接苗主根深而发达，进入结果期后逐渐分生侧根，须根上有菌根真菌共生。树冠开阔，冠幅可达 30 ~ 40 米。树皮棕灰色。羽状复叶互生或对生，革质，色浓绿，长圆或圆披针形。核果状果实圆形、卵圆形或心脏形，直径 2.5 ~ 4.5 厘米，成熟后深红色，外果皮革质，有瘤状突起。荔枝喜光，要求长日照。23 ~ 26℃为最适生长温度。

荔枝是热带果品，除鲜食外，还可制荔枝干和果汁，并可罐藏和用于酿酒；果壳可提取单宁，根可入药。荔枝开花多、花期长，是良好的蜜源植物。

龙眼

无患子科龙眼属的一种。常绿果树。又称桂圆、益智，古称龙目。原产中国南部，已有 2000 多年的栽培历史。栽培较多的国家还有泰国、印度、越南等。中国以福建栽培最多，广东、海南、广西、台湾及云南、四川等地也有栽培。龙眼有品种近 400 个，主要有福眼、乌龙岭、石硖、乌圆等。

树高 10 ~ 15 米，树皮粗糙。果实清甜带脆，具香味，是与荔枝齐名的中国特产。除鲜食外，还可加工成果干，是中国传统的珍贵滋补食品。

龙眼

香蕉

芭蕉科芭蕉属的一种。多年生草本植物。原产东南亚、中国和印度，分布于热带、亚热带地区，主产国有巴西、印度、印度尼西亚、厄瓜多尔和泰国，中国以台湾、广东、福建、广西、云南等地最多。根据形态特征，可分为香蕉（AAA）、大蕉（AAB）和粉蕉（ABB）。

香蕉的主干是由包皮组成的假茎，比较粗壮；根系是地下球茎生出的细长肉质不定根。香蕉果肉柔软香甜，含有丰富的维生素及淀粉、蛋白质、脂肪等。除鲜食外，还可加工成果酱、果酒等。

菠萝

凤梨科凤梨属的一种。多年生常绿草本。又称凤梨、黄梨。原产南美洲的巴西和巴拉圭。现中国广东、广西、福建、海南、云南等地均有种植。

菠萝

株高 0.7～1.5 米，茎短粗，呈褐色，基部有吸芽抽出。根着生在茎的周围。叶自茎的上部丛生，叶片革质，剑状，背面有茸毛。穗状花序自叶丛中抽生。果实肉质，似松果状复果，多呈圆筒形；果肉黄色。

菠萝性喜温暖，耐旱。一年开花 3 次，开花至果实成熟需 120～180 天。一般用芽苗繁殖。20 世纪 70 年代后，主要生产国有的已采用组织培养法进行工厂化育苗，或带芽叶扦插。

果实除鲜食外，多用以制罐头，因其能保持原来风味而受到广泛喜爱，与香蕉、椰子、杧果并列为四大热带水果。叶纤维可作绳、渔网等的原料。

杨桃

酢浆草科阳桃属的一种。常绿灌木或小乔木，一年可多次收获的热带果树。又称五敛子、阳桃。常绿灌木原产东南亚，很早引入中国广东、广西、台湾、福建等地。

树高 5～10 米。奇数羽状复叶，革质，小叶 5～11 片。花白色带有紫斑。浆果卵形或椭圆形，有显著的 5 棱，横切面多成五角星状，长 7～12 厘米，青绿至暗黄或琥珀色，表面光滑，果肉含草酸较多。种子外有假种皮。喜高温多湿气候和深厚肥沃土壤。多以嫁接方式繁殖。中国栽培种有甜杨桃和酸杨桃两种。酸杨桃果大，多加工成干果或作菜用。甜杨桃供鲜食，也可加工。

杧果

漆树科杧果属的一种。常绿乔木。又称檬果、羡子、芒果。全属有 60 余种，其中约有 15 种的果实可供食用。原产印度、缅甸、马来西亚一带，品种达上千个。中国于唐代从印度引入，台湾栽培最多，广东、广西、福建、云南等地也有栽培。

树高 10 ～ 20 米，主根粗大而深，树冠圆头形。杧果是有名的热带水果，果实有特殊香味，肉质多汁，富含维生素，含糖量达 11% ～ 12%。除鲜食外，还可做蜜饯、罐头、果酱、果脯等。果皮可入药，叶和树皮可作黄色染料。

杧果

波罗蜜

桑科波罗蜜属的一种，常绿乔木，热带果树。又称木波罗、树波罗。原产印度至马来西亚一带。引入中国已有 900 多年历史，分布于台湾、广东、广西和云南等地。

树高 8 ～ 15 米。叶革质而厚，倒卵形或椭圆形。花单性，雌雄同株，花小而多。聚花果长 30 ～ 50 厘米，重可达 20 千克，外皮有六角形瘤状突起。果肉层叠，淡黄色，蜜味有异香。种子椭圆形。一般多用种子繁殖，但用片芽嫁接可保持优良种性和提早结果。果味甜，除鲜食外，还可制罐头和果脯。种子煮熟后味如芋、栗。木质轻而坚韧，是制高级家具和乐器的用材。

波罗蜜

腰果

漆树科腰果属的一种。常绿乔木。又称槚如树。热带果树。原产西印度群岛和巴西东北部。中国海南、云南和广东西部有种植。

树高 8 ~ 12 米。单叶互生，革质，长卵形或倒卵形。圆锥花序顶生，花小，黄粉红色，杂性。坚果分为两部分：①膨大的肉质花托，成熟后橙红色，柔软多汁。②真果，着生在花托的顶端，肾形，果仁白色。性喜高温，对低温敏感。对土壤适应性强。3 ~ 4 月开花，5 ~ 6 月果成熟。枝头腰果主要用种子繁殖，优良品种可用高空压条或嫁接繁殖。腰果仁可炒食。腰果壳可榨油作高级油漆，也可作绝缘材料。茎的乳汁可作黏胶剂。肉质花托可鲜食或榨汁作饮料，有利尿、治水肿之功效。

枇杷

蔷薇科枇杷属的一种。常绿小乔木，亚热带果树。因叶片状似琵琶，故名"枇杷"。品种有 100 个以上，根据肉色可分为红沙种和白沙种两大类。叶片长椭圆形，长可达 30 厘米左右，叶缘有粗锯齿，背面密生灰白或黄白色茸毛。在枝条的先端着生复总状花序。花白色有芳香。梨果球形至椭圆形，肉色浅黄至橙黄，重 25 ~ 50 克，由子房、萼片和花托发育而成，食用部分是膨大的花托。种子一至数粒，黄褐色。喜温暖湿润而阳光充足的气候和肥沃、排水良好的土壤。实生、嫁接或高空压条繁殖均可。花后或早春进行疏果。主要病虫害有枇杷瘤蛾、枇杷天牛、干腐病等。

枇杷

枇杷果实中含有 85 % ~ 90 % 的水分、8 % ~ 12 % 的糖和较丰富的维生素 A。除鲜食外，还可制罐头食品；果实和叶片制成的枇杷膏和枇杷叶膏是润肺止咳药；花为良好的蜜源。

杨梅

杨梅

杨梅科杨梅属的一种。常绿小乔木或灌木，亚热带果树。又称朱红、树梅。原产中国，广泛分布于长江以南，以浙江栽培最多。叶倒卵状长椭圆形。雌雄异株。雄花为红黄色柔荑花序，雌花为穗状花序。核果圆球形，核坚硬。栽培品种有数十个，按果实色泽可分为野杨梅、红杨梅、乌杨梅、白杨梅、早性梅和大叶杨梅6个品种群。喜温暖、湿润、多云雾的环境，适于疏松而排水良好的酸性土壤。实生、压条或嫁接繁殖均可。果实味甜美，除鲜食外，主要用于制作蜜饯、果汁、果酒和罐头等。树形优美，是良好的观赏树和水土保持用树。

莲雾

桃金娘科蒲桃属的一种。热带常绿果树。原产于马来半岛，17世纪时，由荷兰人自爪哇引入中国台湾，100多年前引入广东、福建等地，现为中国台湾及东南亚常见的果树。蒲桃属植物约有500种，分布于热带。

莲雾类似无花果，色粉红，清甜而脆，多汁爽口。性喜温暖怕寒冷，生长最适气温为25～30℃，喜好湿润的肥沃土壤，对土壤条件要求不严，砂土、黏土、红壤和微酸或碱性土壤均能种植，但要做好整枝修剪、营养管理、灌溉排水、防寒及产期调节等。莲雾结果较快，一般在栽种的翌年便能结出少量的果实，以后逐年增加，一株树龄10多年的莲雾每年可采收三四百千克果实。

莲雾是一种可治多种疾病的佳果，性味甘平，功能润肺、止咳、化痰、凉血、收敛，主治肺燥咳嗽、呃逆不止、痔疮出血、胃腹胀满、肠炎痢疾、糖尿病等症。果核处理后还可治外伤出血、下肢溃疡。另外，台湾民间有"吃莲雾清肺火"之说。人们把它视为消暑解渴的佳果。

莲雾

国海南和台湾也有栽培。树高15～20米，叶片长圆形，顶端较尖，聚伞花序，花淡黄色。

果实足球大小，果皮坚实，密生三角刺；果肉由假种皮的肉包组成，肉色淡黄，黏性多汁，酥软味甜，含有淀粉、糖、蛋白质和多种维生素。榴梿是热带名果，虽有异味，吃起来却很鲜美。在马来西亚和泰国，人们常用榴梿补养身体，并把它视为"热带果王"。

榴梿

榴梿

锦葵科榴梿属的一种。常绿乔木。产自东南亚诸国，中

番茄

茄科茄属的一种。一年生草本，在热带为多年生。又称

西红柿。主要以成熟果实作蔬菜或水果食用。原产南美洲的秘鲁、厄瓜多尔等地。现遍布世界许多国家。

樱桃番茄

植株高 60 ～ 200 厘米，根系发达，茎节易生不定根。茎为蔓性或半直立。叶为不整齐羽状分裂或羽状复叶。聚伞状花序或总状花序。浆果，圆球形、扁球形、椭圆形及倒卵形等。栽培的番茄有普通番茄、大叶番茄、樱桃番茄、直立番茄、梨形番茄 5 个变种。番茄为喜温作物，不耐霜冻。对日照长

短不敏感，如温度适宜，一年四季均可栽培。对土壤的适应性较广，土壤 pH 以 6 ～ 6.5 为宜。但耐涝力弱，要求有良好的排水条件。对肥料的需要量较大。

番茄是食物中维生素 C 的重要来源。果实营养丰富，可作蔬菜食用，可生食，或加工制成番茄酱、番茄汁等。

茄子

茄科茄属的一种。一年生草本。古名酪酥、昆仑瓜。以幼嫩果实供食用。原产东南亚。中国南北各地均有栽培。

植株高 1.0 ～ 1.3 米，茎基部木质，直立，分枝性强，单叶互生。蝎尾状花序。能孕花单生或簇生。浆果，球圆、扁圆、长圆、卵圆或长条形；颜色紫红、红、绿或乳白。成熟时不论绿色或紫红色果实均转为棕黄色。食用部分包括果皮、胎座及"心

髓"部分，均由海绵状薄壁组织组成，组织松软。种子细小。栽培的茄子包括圆茄、长茄、短茄3个变种。茄子属喜温作物，较耐高温。以露地栽培为主。

幼嫩果实除作蔬菜外，也可制成茄干、茄酱或腌渍茄。

辣椒

茄科辣椒属的一种。一年生草本。又称番椒。在热带可为多年生灌木。原产南美洲的秘鲁，明代传入中国。现中国各地普遍栽培。世界各地都有种植。

茎直立，高 30 ～ 150 厘米，根系不发达。单叶互生，卵圆形，叶面光滑。花单生或簇生，白色或淡紫色。果实呈扁圆、圆柱、圆球、长角、圆锥或线形，大小差别显著。未成熟时为绿色，成熟后一般为红色或橙黄色。主要变种有灯笼椒、长椒、圆锥椒、簇生椒、樱桃椒。辣椒为喜温作物，不耐霜冻。用育苗移栽种植。

辣椒中的辣椒素有兴奋作用，能增进食欲，帮助消化。果实中还含多种维生素，在蔬菜中居首位。成熟果可制成辣椒酱、辣椒干及辣椒粉等调味品。

辣椒

菜花

十字花科芸薹属甘蓝种中以花球为产品的一个变种。一、二年生草本植物。又称花椰菜、花菜。中国福建、浙江、台湾、广东、广西等地及全国各大城市郊区种植较为普遍。

主根基部粗大，根系发达。叶披针形或长卵形，叶端稍尖，叶柄较长。花球呈半球形，白色肥大，表面呈颗粒状。按生育期长短可分为早熟品种、中熟品种、晚熟品种。宜选择疏松肥沃、保肥保水的壤土或沙壤土种植。一般采用育苗移栽。定植前结合整地作畦，施足基肥。生长期间应适当追肥，还要经常保持土壤湿润，及时灌溉排水，中耕除草。

菜花是颇受欢迎的蔬菜之一。叶可作饲料。

山药

薯蓣科薯蓣属植物的统称。缠绕藤本。又称薯蓣、白苕、大薯。薯蓣属植物全世界约有600种，其中许多是有毒的。可供食用且栽培广泛的有：山药、甜薯、薯蓣、日本山药、白薯莨、黄山药、三裂叶山药、圆山药等。缠绕茎蔓呈紫绿色，多为单叶，互生或对生。叶腋生铃状块茎（山药豆），为贮藏器官，可供食用或繁殖用。单性花，雌雄异株。蒴果。按茎块形状可分为长形种、扁形种、块状种。山药喜温暖潮湿气候，不耐霜冻，适于土层深厚、富含有机质肥沃的砂土或壤土。多用块茎或株芽繁殖。茎块供食用，中医学上以干品入药，主要功能为健脾益肾。

山药

菠菜

藜科菠菜属的一种。一年生或二年生草本。又称菠薐、赤根菜、波斯草。原产伊朗，2000 年前已有栽培。中国唐代已有栽培。

菠菜

主根发达，肉质根红色，味甜可食。叶簇生，呈莲座状，深绿色。单性花，雌雄异株，偶见雌雄同株。胞果，每果含一粒种子，果壳坚硬、革质。按果实外苞片的构造可分为有刺种和无刺种两个类型。

菠菜属长日照植物。春秋两季均可播种，以秋播为主，生长期约 60 天。对土壤要求不严格，对氮肥需求较多。

菠菜茎叶含有丰富的维生素 C、胡萝卜素、蛋白质，以及铁、钙、磷等矿物质。除以鲜菜食用外，还可脱水制干和速冻。

芹菜

伞形科芹属的一种。二年生草本。又称旱芹、药芹。以叶柄作蔬菜食用。原产于地中海沿岸的沼泽地带。中国南北各地广泛种植。

株高 60 ~ 90 厘米，侧根发达，多分布在土壤表层，叶着生在短缩茎上，叶柄基部有分生组织，能逐渐伸长。茎绿、浅绿或白色。复伞状花序，花小，白色。双悬果，含种子 2 粒。芹菜按叶柄形态可分为细柄种（本芹）及宽柄种（洋芹）两类。半耐寒性蔬菜，不喜高温。由于种子小，生长期长，一般多行育苗移栽，但也有直播的。

芹菜除作蔬菜外，在中医学上有止血、益气、利尿、降血压等功能。果实中的芳香油经蒸馏提炼后可用作调和香精的原料。

芫荽

　　伞形科芫荽属的一种。一年生或二年生草本。又称香菜、胡荽。原产地中海沿岸，汉代张骞出使西域时引入中国，现中国南北地区都有栽培。

芫荽植株

　　根白色。叶片一回或三回羽状全裂，裂片卵形，有深刻或深裂，叶柄绿色或淡紫色。复伞形花序顶生和腋生，花小，白色。双悬果。常以嫩叶作调料蔬菜食用。性喜冷凉，但也能耐热。营养丰富，胡萝卜素含量在蔬菜中名列前茅。中医学上以果实入药，有祛风、透疹、

健胃及化痰等功效。种子可提炼芳香油。

茼蒿

　　菊科茼蒿属的一种。一年生或二年生草本，又称蓬蒿。以嫩茎、叶供食用。原产中国，南北各地都有栽培。

大叶茼蒿

　　叶长而肥大，全缘或为羽状深裂，裂片呈倒披针形，叶缘锯齿状或有深浅不等的缺刻。叶腋分生侧枝。头状花序，黄白色或深黄色。瘦果，褐色。依叶的大小及缺刻深浅分为大叶茼蒿和小叶茼蒿，前者叶片大而厚，缺刻少而浅，食用品质好，产量高，成熟略迟；后

者叶小，缺刻多而深，叶薄，成熟稍早。茼蒿性喜冷凉，不耐高温干旱，土壤以肥沃壤土为好。以播种繁殖。作蔬菜食用时，有特殊清香味。

白菜

　　十字花科芸薹属的一种。一年生或二年生草本。以柔嫩的叶球、莲座叶或花茎供食用。原产地中海沿岸和中国。由芸薹演变而来。包括结球及不结球两大类群。

上海"四月慢"白菜

　　根为浅根系，主根粗大，侧根发达，水平分布。叶片有毛或无毛，着生于短缩茎上成莲座状。除薹用和分蘖类型外，腋芽不发达。花茎从短缩茎的顶端发生，分枝 1 ~ 3 次。花茎上发生"茎生叶"，叶基部抱茎或不抱茎。表面有蜡粉。总状花序，花淡黄至黄色。长角果，含种子多粒。栽培的白菜分别属于芸薹的 2 个亚种。

　　结球白菜又称大白菜、黄芽菜，为中国北方各省普遍栽培的主要蔬菜之一。叶无明显叶柄，具叶翼，叶球白色或淡黄色。不结球白菜又称小白菜或青菜，为中国南方各省普遍栽培的主要蔬菜。叶有明显叶柄，无叶翼，不形成叶球。结球白菜产量高且适于长期贮藏，是中国北方冬季和早春的主要蔬菜之一。不结球白菜因类型和品种繁多，适应性广，生长期短，高产而省工易种，且可周年生产供应，鲜食、腌渍皆宜。

黄瓜

　　葫芦科黄瓜属的一种。一

年生蔓性草本。又称胡瓜。原产喜马拉雅山南麓。世界各地普遍栽培的重要蔬菜。汉代张骞出使西域时传入中国。

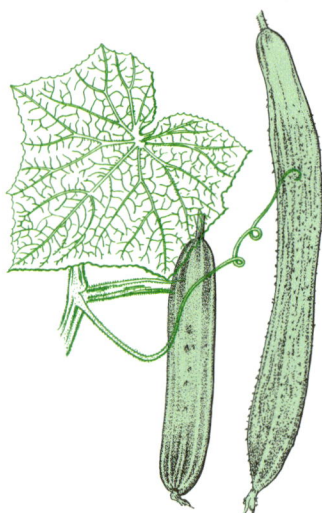

华南型 华北型

华北型和华南型的黄瓜果实

黄瓜根系分布浅，再生能力较弱。茎蔓性，长可达3米以上，茎节上生卷须。叶掌状，大而薄，叶缘有锯齿。花通常为单性，雌雄同株。瓠果，长数厘米至70厘米以上，圆筒形或棒形。嫩果颜色由乳白至深绿。有刺，刺基常有瘤状突起。种子扁平。属喜温作物。对土壤水分条件的要求较严格。土壤pH以5.5～7.2为宜。可四季栽培。黄瓜属常异交作物，应隔离采种。嫩果作蔬菜食用，可生食，可酸渍或酱渍。酱黄瓜是中国特有的传统佐餐佳品。

西瓜

葫芦科西瓜属的一种。一年生蔓性草本。原产非洲，埃及有四五千年的栽培历史。大约1000多年前，西瓜传入中国新疆。

西瓜为夏季主要水果。成熟果实除含有大量水分外，瓤肉含糖量为5%～12%，包括葡萄糖、果糖和蔗糖，甜度随成熟后期蔗糖的增加而增加。西瓜子可作茶食，瓜皮可加工制成西瓜酱。在中医学上以瓜汁和瓜皮入药，有清暑解热功能。

丝瓜

葫芦科丝瓜属的一种。一

年生攀缘草本。以嫩果供食用。原产东南亚。普通丝瓜分布在中国各地。包括普通丝瓜和有棱丝瓜两种。根系强大。茎蔓性，5棱，绿色，茎节具分枝卷须。叶掌状或心脏形，被茸毛。雌雄异花同株，花冠黄色。雄花为总状花序，雌花单生。瓠果。普通丝瓜的果实短圆柱形或长棒形，无棱，表面粗糙。有棱丝瓜的果实棒形，长25～60厘米，横径5～7厘米，表皮绿色有皱纹。喜高温多湿的生长环境。对土壤的适应性广，耐涝。嫩果作蔬菜食用。成熟果实的维管束纤维化，成为丝瓜络，可入中药，主要功能为祛风湿、通经络；可用于洗刷器皿；还可用作造纸和生产人造纤维的原料。

南瓜

葫芦科南瓜属植物的统称。一年生草本。栽培南瓜包括3种：①中国南瓜，通称南瓜。②笋瓜。③西葫芦（美洲南瓜）。3种南瓜都起源于美洲。现广泛分布于全世界。

根系强大，主根深，侧根多，分布广。茎蔓性，西葫芦则多为直立型。雌雄异花同株。花冠裂片大，黄色；雌花花萼裂片叶状。瓠果，有扁圆、球圆和长棒等形状。南瓜属喜温植物，3种南瓜对温度的要求不同。均属短日照植物。

中国南瓜成熟瓠果除作菜肴外，还可作糕点馅料。笋瓜除作蔬菜或饲料用外，还有专供观赏用的品种。西葫芦多以嫩果供食用。

中国南瓜

苦瓜

葫芦科苦瓜属的一种。一年生攀缘草本。又称凉瓜。幼嫩果实可供食用，因味苦得名。原产亚洲热带地区。中国以南部地区栽培较多。根系发达，茎蔓生，具卷须。叶掌状深裂，光滑无毛。花单性，雌雄同株，单生，花冠黄色。浆果，纺锤形、短圆锥形或长圆锥形，表面布满条状和瘤状突起。苦瓜喜光，喜温，较耐热，不耐霜冻。较耐涝。直播或育苗种植，搭架栽培。嫩果富含维生素 C，切片挤去汁液后炒食可减少苦味。根可入中药。

苦瓜叶和果实

蒜

石蒜科葱属的一种。一年生或二年生草本。又称大蒜。原产中亚。中国栽培大蒜始于公元前 1 世纪左右。

花葶
叶片
假茎
鳞茎（蒜头）
蒜瓣
鳞茎横剖面（示蒜瓣）
蒜形态

株高 60 厘米以上，茎为叶鞘组成的假茎，鳞茎（蒜头）生长于地下，由多数小鳞茎（蒜瓣）合生于短缩茎盘上而成。春夏间抽生肉质圆柱状花葶（蒜薹），顶端着生伞状花序，位于总苞内。花淡红色，一般不孕，而形成珠芽（蒜珠或气生鳞茎）。一般依鳞茎皮色分为紫皮蒜和白皮蒜，依蒜瓣大小分为大瓣蒜和小瓣蒜，依蒜瓣数分为独头蒜、四瓣蒜、六瓣蒜、八瓣蒜等类型，按是否抽薹则可分为有薹种和无薹种。蒜性耐寒，属长日照植物。如在黑暗条件下栽培，可长成黄色蒜苗，通称蒜黄。除鲜食外，鳞茎还可醋渍或糖渍、酱渍，也可干制成蒜粉和加工成脱水片。由于富含大蒜素，有调味及增进食欲之效。还有强烈的杀菌作用，可用以预防和治疗多种疾病。

葱

石蒜科葱属的一种。多年生宿根草本。以叶鞘和叶片供食用。中国自古栽培。主要栽培品种为大葱。叶片管状，中空，绿色，先端尖，叶鞘圆筒形，抱合而成假茎，色白，通称葱白。伞形花序球状，花白色。

有分葱和楼葱两个变种。还可按假茎的高度分为长白葱（梧桐葱）、中白葱（鸡腿葱）和短白葱（秤砣葱）3个类型。性极耐寒。宜肥沃的砂质壤土。用种子繁殖。

胡葱又称火葱和香葱，是中国南方栽培的葱种。植株较矮小，分蘖力强，用分株或鳞茎繁殖。前者春季收获分蘖，以鳞茎休眠越夏；后者周年收获绿叶。

楼葱　　章丘大葱　　分葱

葱的品种类型

葱含有挥发性硫化物，具特殊辛辣味，是重要的解腥、调味品。中医学上认为葱有杀菌、通乳、利尿、发汗和安眠等药效。

姜

姜科姜属的一种。多年生宿根草本。又称生姜。原产东南亚，栽培地区主要在亚洲的热带至温带。

株高 60 ～ 80 厘米，地上茎为假茎，由叶鞘组成，从地下根状茎两侧发生指头状分枝。根状茎肥大，肉质，呈不规则块状，黄色。叶披针形，互生。在温带不开花。性喜温暖。适宜各种土壤。喜阴而不耐强光，出苗前后需加遮阴，秋凉时需拆除遮盖物。

姜含有挥发油和姜辣素，即姜油酮（$C_{11}H_{14}O_3$）和姜油酚（$C_{17}H_{20}O_2$），具有独特的香辣味，是重要的调味品。可酱渍、糖渍、制姜干和提取姜油。中医学上姜还具有健胃、祛寒、发汗和解毒等药效。

韭菜

石蒜科葱属的一种。多年生宿根草本。又称韭、起阳草。原产中国，现中国南北各地普遍栽培。韭菜叶翠绿色，细长扁平，带状，叶鞘为闭合状，形成假茎。顶端着生伞形花序。花白色，种子黑色。韭菜分蘖和适应环境的能力很强，能耐霜冻和低温。叶鞘在埋土条件下软化变白，称为"韭白"；在弱光条件下完全变黄，称为"韭黄"。用种子或分株繁殖。

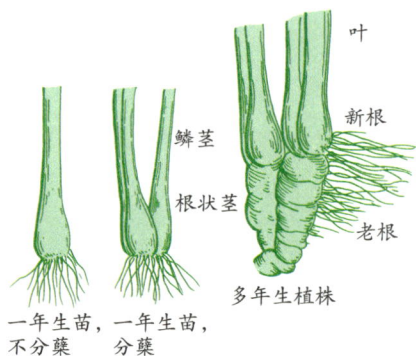

韭菜的生长状态

韭菜一般以叶片、叶鞘供食，但也有专以花茎或肉质化的根供食用的品种，也可作为有利于肠胃消化功能的保健蔬菜。中医学上认为韭菜可"安五脏、除胃中热"。种子入药，主治腰膝酸痛、小便频数、遗尿、带下等症。

洋葱含有植物杀菌素，以及无机盐、挥发油、糖、蛋白质和维生素等。除以新鲜鳞茎作蔬菜外，也可脱水加工。

洋葱

石蒜科葱属的一种。二至三年生草本。又称葱头、圆葱。以鳞茎作蔬菜用。起源于亚洲西部阿富汗、伊朗至中亚一带。现以美国、日本、印度、俄罗斯、中国栽培最多。

根弦状，无主根。茎极度短缩，呈扁平盘状，即鳞茎盘。叶筒状，中空，浓绿色，表面披蜡粉，多层叶鞘抱合而成假茎。叶鞘基部随生长而形成肉质鳞茎（葱头）。伞状花序，花小，白色。洋葱可分为分蘖洋葱、普通洋葱、顶球洋葱3个类型。洋葱性耐寒。按鳞茎形成所需日照长短，分为短日型、长日型和中间型品种。一般秋季育苗。对土壤要求不高。

荸荠

莎草科荸荠属的一种。浅水性宿根草本。又称马蹄、地栗。球茎可生食或熟食。中国长江以南各省栽培普遍。

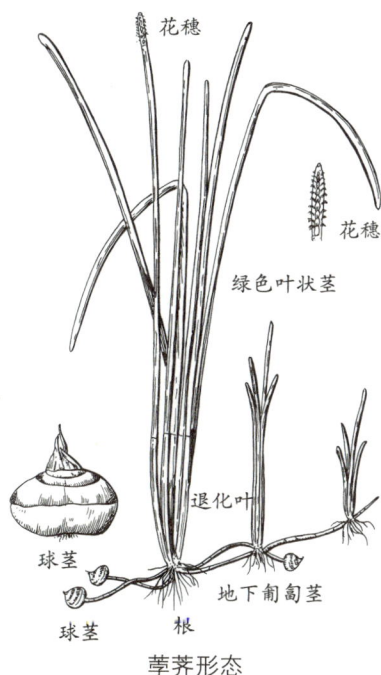

荸荠形态

荸荠用球茎繁殖。萌芽后，先形成短缩茎，其顶芽和侧芽向上抽生的绿色叶状茎细长如管而直立。叶片退化成膜片状，着生于叶状茎基部及球茎上部。自母株短缩茎向四周抽生匍匐茎，尖端膨大为新的扁圆形球茎。成熟后呈深栗色或枣红色。穗状花序，花褐色。小坚果。性喜温暖湿润。

在中医药学上，认为荸荠有止渴、消食、解热等功效。

胡萝卜

伞形科胡萝卜属的一个变种。一年生或二年生草本。原产亚洲西南部，阿富汗为最早演化中心。约在13世纪，胡萝卜被引入中国，发展成中国生态型。叶柄细长，三回羽状全裂叶，裂片狭小，丛生于短缩茎上。顶端各着生一复伞形花序，花小，白色。异花传粉。双悬果，果面有刺毛。肉质根有长筒、短筒、长圆锥及短圆锥等不同形状，黄、橙、橙红、紫等不同颜色。胡萝卜属半耐

寒性，喜冷凉气候。长日照植物。胡萝卜营养丰富。具有治疗夜盲症、保护呼吸道和促进儿童生长等功能。生食或熟食均可。还可腌制、酱渍、制干，或作饲料。

横剖面

胡萝卜形态

食用菌

供人类食用的真菌。全世界估计可供食用的真菌约有2300种，中国约有936种，然而人工栽培的不过20种左右。狭义的食用菌专指大型真菌中可供食用的蘑菇，通称食用蘑菇。有毒而不可食用的大型真菌称毒蘑菇。广义的食用菌还

包括可利用其发酵作用进行食品加工的真菌。食用菌大部分属担子菌纲。

与其他真菌相比，食用菌子实体一般较大，高 3 ~ 18 厘米，宽 4 ~ 20 厘米，故称大型真菌。形态不一，以伞状为多。一般由菌丝体、菌柄、菌盖 3 部分组成。食用菌的生活史，就是由孢子萌发为初生菌丝体，然后长成次生菌丝体，到长成子实体，又产生孢子的循环过程。

食用菌不仅味美，而且营养丰富，常被人们称作健康食品，如香菇不仅含有人体必需的各种氨基酸，还具有降低血液中的胆固醇、治疗高血压的作用。银耳、木耳、猴头菌、假蜜环菌等，还有特定的滋补、医疗用途。

塑料大棚

以塑料薄膜为覆盖材料，能部分控制温度、湿度、光照等环境条件的一种简易温室。主要用于蔬菜、花卉、苗木、水稻秧苗和食用菌等的栽培。在畜牧和水产养殖业中也有应用。

塑料大棚按其骨架结构分为：①竹木结构大棚。用竹竿或毛竹片作拱杆，木材或竹竿作柱或梁，结构简单，造价低，但抗风雨能力差，使用寿命短。②钢筋焊接拱架大棚。采用普通钢筋焊接成平面或三角形断面的拱架。拱脚焊接在混凝土基础中的连接钢板上，或直接埋入土中。跨度在 12 米以下时可不设立柱。这种大棚面积和空间较大，耕作管理方便，但用钢量大，成本高。③镀锌钢管大棚。采用镀锌薄壁卷焊钢管和相应配件装配而成，安装、维修、拆卸方便，是世界各国应用最广的一种大棚。塑料大棚使用的覆盖材料主要有聚乙烯、聚氯乙烯、聚乙烯乙醇等薄膜。

塑料大棚

地膜覆盖栽培

将专用塑料薄膜（俗称地膜）贴盖于栽培地表面，促进作物生长发育的栽培方式。用于蔬菜、瓜类和玉米等粮食作物、棉花等经济作物的栽培，以及水稻育秧、果林育苗等。

地膜覆盖栽培对农作物耕作层的生态环境能起到综合改善的作用，协调水、热、气和生物等因子间的关系，其效应主要表现在：提高地温、保墒、改善土壤理化性状、改善株行间光照条件等。

地膜覆盖栽培方式主要有高畦覆盖和平畦覆盖两种。高畦又称高垄，是地膜覆盖的基本形式，一般畦高 10～15 厘米。栽培豆类蔬菜和绿叶蔬菜等多采用直播，可盖膜后打孔播种，也可先播种后盖膜。茄果、甘蓝类蔬菜和瓜类等多采用育苗移栽方式，可先移栽后盖膜，也可先盖膜后移栽。一般尽量选择早熟作物品种。覆盖地膜可人工覆盖和机械覆盖，后者多用地膜覆盖机，可大大提高工作效率。

生产实践表明，地膜覆盖栽培技术一般可增产30%～50%，有的可增产一倍以上。而且，农产品的质量也有所提高，如棉花纤维强度增强，蔬菜鲜嫩度提高，西瓜、甘蔗等含糖量提高等。用于果林育苗和水稻育秧，可提前出圃（苗）。用于杂交制种栽培，可以调节花期，解决花期不遇问题。

无土栽培

不用土壤，利用营养液栽培植物的方法。又称水培（水耕）或营养液栽培。植物采取无土栽培时，根部从营养液中吸收所需的养分、水分和氧，植株生长在温度、湿度和二氧化碳（CO_2）浓度适宜、光照充足的条件下，可以提高植物光合作用能力，获得高产和优质的产品。

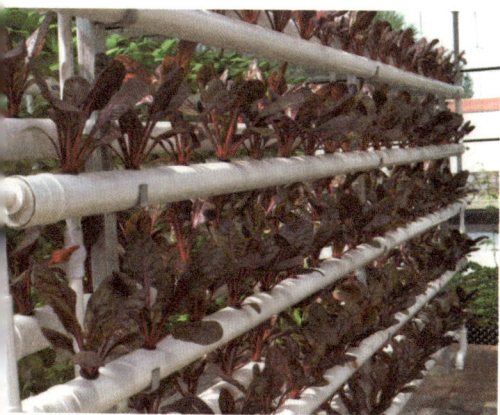

无土栽培

无土栽培分为有固体基质和无固体基质两大类。除营养液是二者共同必需的基质外，前者还用砂、砾石、煤渣、泥炭、锯木屑、泡沫塑料、岩棉等惰性物质为基质，后者则仅用水为基质。营养液应含有植物生长发育所必需的主要元素氮、磷、钾、钙、镁、硫和微量元素硼、铁、铜、钼、锌等，其渗透压要小于植物细胞的渗透压，否则会引起植株体液外渗，导致萎蔫；pH以 5.5～7.0 为宜，并要配成平衡液。常用的有水培、固体培养、营养膜（NFT）栽培等方式。

无土栽培突破了土壤、气候条件的限制，在沙漠、石岛、戈壁、山区、工矿区，以及其他缺乏耕地而有水源的地区都可实行，且可比土壤栽培显著提高产量和产品品质，同时又是生产无公害蔬菜的一个重要途径。在大城市，利用窗台、阳台、走廊、屋顶等采取无土栽培法种植蔬菜，既可增加食物供应来源，又能美化环境、净化空气。无土栽培还有省水、省肥的优点，营养液损失一般在 10% 左右，耗水量只是土培的 1/2 ~ 1/3。又因不用土壤，可以免除杂草、土传病虫害的侵染和连作的危害，还可摆脱翻地、运肥等繁重体力劳动，世界上已有不少国家将这种方法应用于蔬菜、花卉、水果、小球藻等的生产。缺点是设备复杂、一次投资和能源消耗量较大，还存在若干问题有待解决。

植物病害

植物在生长和产品贮藏期间受到有害生物或其他因素的侵害和损坏，生理功能失调、组织结构受到破坏的过程。

按病害的发病原因分为两大类：一类由细菌、真菌、病毒等生物因子引起，称为侵染性病害，如马铃薯晚疫病、水稻胡麻斑病、小麦锈病、黄瓜霜霉病、番茄病毒病等；另一类由非生物因素引起，称为非侵染性病害，又称生理病害，如缺素症、日烧病。一般植物侵染性病害的流行性强，危害也较大。

对植物病害影响较大的环境条件主要包括：①气候土壤环境。包括温度、湿度、光照和土壤机械组成、含水量、通气性等。②生物环境。包括昆虫、线虫和微生物。不少病害可由多种昆虫传播，有些病害则只能由某一种或几种昆虫传播。③农业措施。包括耕作制度、种植密度，以及施肥、灌溉、排水、施用农药等措施，可减轻或加重病害。防治方法有植物检疫、抗病育种、农业防治、化学防治、物理防治、生物防治等。

下篇

动物

生物分类学中动物界中物种的统称。科学家按照动物从低等到高等的进化顺序，把动物分为原生动物门、海绵动物门、腔肠动物门、扁形动物门、线形动物门、环节动物门、软体动物门、节肢动物门、棘皮动物门和脊索动物门等30多个门类。

一般将无脊椎动物称为低等动物，将脊椎动物称为高等动物。按动物体是否恒温，又把动物分为恒温动物和变温动物。恒温动物又称温血动物，指鸟类和哺乳动物。这两类动物新陈代谢水平较高，产热较多，又有保温和体温调节机制，体温受环境条件影响较小，从而保持了相对恒定的体温。变温动物又称冷血动物，指除鸟类和哺乳动物以外的所有其他动物，这些动物散失的热量超过产生的热量，又没有较完善的体温调节机制，体温总是随环境变化而变化，不能保持恒定。

人类也是动物界的成员，属于脊索动物门哺乳纲灵长目人科。动物对维持自然界的生态平衡起着非常重要的作用。自然界中有些动物对人类是有害的，如许多低等动物是人和其他动物的寄生虫，时常危害人体健康；有些动物能传播人和动物的疾病或是植物病害的病源。

动物和植物同属于真核生物，都具备真核生物的基本特征，但两者有着明显的区别。不管是低等动物还是高等动物，随时都可能处于跑、跳、爬、飞或游等各种运动状态。动物运动的原因在于它们生存所需要的养分，绝大部分无法在体内合成，必须从外界摄取，必须吃别的生物和有机物才能生存。动物与植物最大的不同点在于摄取营养的方式上，植物采用自养方式，动物采用异养方式。动物体内没有细胞壁和叶绿素，但有一套或简单或复杂的消化、吸收、呼吸、循环、排泄、运动和繁殖的系统。

植物和动物是相互依存的，所有的动物都需依赖植物而生存，而植物则吸收利用微生物腐化、分解动植物的尸体后渗入土壤中的养分。

足（动物）

高等动物腿的下端用以接触地面支撑身体的器官。多数动物都有足，也就是说都有脚。动物的脚千奇百怪，各有特色。软体动物有肌肉足，鸟类有双足，兽类有4只脚。足是动物的行动器官，形态多样。蜗牛没有双足和4只脚，但也能向前爬行。把蜗牛放在玻璃板上，从板底下可以很清楚地看到它的腹部生有宽而细的褶横，后端较尖，这就是它的脚，称为肌肉足。蜗牛用它的脚紧贴在别的物体上，由腹部肌肉波状蠕动，身体便能缓慢地前行。蟹的肢体是左右对称的，身体两侧有1对螯足和1对步足。有时偶尔会看到1只螯足或步足长得特别小的蟹，这是它的再生足。有些蟹有一种奇怪的本领，失去一足后还可以重新长出来，这种情况称为自生或再生，是千万年来适应环境的结果。

鸟类的足多数用来站立、攀缘，而不是用来行走的。鸵鸟虽然也属鸟类，但它们的脚却主要用于行走，鸵鸟的脚长而粗壮，并且只有两个粗大向前的脚趾，底部还有厚皮。这样，不仅走到沙地里不容易下陷到沙里去，同时也不会烫伤，走起来更方便。鸵鸟虽不能飞翔，但却跑得很快，时速可达80千米。

昆虫足的形态结构变化很大：蝼蛄的前足为开掘足，每小时可开掘尺余长的隧道；蝗虫的后足为跳跃足，腿节特别膨大，适于跳跃；瓢虫的足为步行足，适于行走；螳螂的前足为捕捉足，形似折刀，用以捕食其他昆虫；水中生活的龙虱的后足为游泳足，足扁平，有较长的缘毛，用以划水；蜜蜂的后足胫节宽扁，两边有长毛相对环抱，用以携带花粉，因而称之为携粉足；苍蝇的足有味觉器官，当足和食物接触时，能辨别出味道。

长颈鹿、黄羊、羚羊、野驴、猎豹、猎狗、虎等的足都适于奔跑，也就是说矫健的猛兽和体细腿长的食草兽的足适于奔跑。跑得最快的猎豹，时速可达120千米。野兽活动时留下的脚印，就像一本"看图识字"的书，根据脚印的形状、深浅、距离长短，就能分辨走过的是什么动物，甚至估计出它们身体的大小。

角

哺乳动物偶蹄目和奇蹄目动物头顶或鼻前所生的突起物，有攻击或防御功能。不同动物角的结构和起源不同。如鹿角的形态、构造就和牛角、羊角完全不同。牛、羊的角无叉，中空，又称空角，且雌雄均有一对虚角，终生不脱换。鹿角多叉，实心，又称实角，且每年脱换一次。新鹿角发育要经过两个时期，初期角软而富有血管，可为角的生长供应丰富的营养，这时的鹿角称为鹿茸。后期鹿茸继续生长，外面茸毛逐渐脱落，骨质化，角变得特别坚硬，一直到第二年春天鹿角自动脱落，又重新长出茸角。牛、羊、鹿的角一般只是两雄争雌的一种武器，几乎不用来对付猛兽。

犀牛的角

犀牛体躯粗壮，连狮、虎、豹也不敢轻易触犯它，这主要是因为犀牛具有威力强大的犀角。犀角与牛角、羊角和鹿角又不同。首先角的生长部位不同，牛、羊、鹿的角生长在头顶前上方，左右对称排列。而犀牛的角生长在鼻子上方脸面的中央线上。犀牛的角也不像牛角、羊角、鹿角那样和头骨直接连在一起，犀角起源于真皮。犀牛一旦被激怒，就会倾尽全身之力低头向前冲。因此，热带森林里的兽类很少有敢和犀牛打架的。

触角

节肢动物头上分节的附肢，有触觉和嗅觉作用。每个触角由柄节、梗节和鞭节3部分组成。昆虫类有多种触角，人们以鞭节的形状给它们起名，如白蚁的念珠状触角，蝇类的刚毛状触角，蛾类的羽毛状触角，蝶类的球杆状触角，蜜蜂的膝状触角，金龟子成虫的鳃状触角。触角的长短不同，一般昆虫触角的长为体长的1/4至1/2，天牛、纺织娘一类昆虫的触角往往超过体长。触角位于头部的最前端，能够灵活摆动，在近距离范围内有触觉作用。触角上分布有许多嗅觉器官，能敏锐地感觉化学物质的气味，帮助昆虫寻找食物、发现配偶和选择产卵的场所。夜间活动的昆虫触角上有大量感觉毛，能感受气流的压力，夜晚飞行时不会碰壁。除此之外，有些昆虫的触角还有特殊用途，水生的蚜虫靠触角呼吸，松藻虫靠触角在游泳时平衡身体，水蝇的雄虫用触角抱住雌虫进行交配，蚂蚁用触角传递信息。

天牛的触角

昆虫学家利用昆虫触角嗅觉灵敏的特点，研究出各种信息素来诱杀害虫。仿生学家从昆虫触角的功能中得到启示，模拟制造了各种现代化科学仪器。如装置在宇宙飞船座舱里的气体分析仪，用来分析气体成分；蚊式测向仪用来在大雾中定位或跟踪鱼群等。

无脊椎动物

动物界中除脊椎动物以外的其他动物类群的统称。大自然中生活着种类繁多的动物，人们根据是否有脊椎骨等特征将它们分成了两大类，即无脊椎动物和脊椎动物。

无脊椎动物约占动物种数的95％。它们除了没有脊椎这一主要特征外，还具有神经系统在身体的腹面，心脏在背面等与脊椎动物完全不同的特征。它们的形态特征、生理功能多种多样，门类繁多，主要包括原生动物、海绵动物、腔肠动物、多孔动物、扁形动物、线形动物、环节动物、软体动物、节肢动物、腕足动物、须腕动物、棘皮动物，如水螅、猪肉绦虫、蚯蚓、河蚌、乌贼、虾、蟹、蜜蜂、蝴蝶等。无脊椎动物在进化上是比较低等的一类，它们与人的关系极为密切。

原生动物

动物界最原始、最简单、最低等的动物。每一个原生动物是一个完整的有机体，具有维持生命和延续后代所必需的一切功能，如运动、呼吸、排泄、感应和生殖等。

原生动物种类繁多，分布十分广泛。如在海水中生活的有夜光虫、有孔虫、放射虫等；在淡水中生活的有草履虫、变形虫、太阳虫等；在潮湿的土壤中生活的有表壳虫；寄生在人体内的有疟原虫等。根据运

动器官的特点，原生动物主要分为：鞭毛虫类（如眼虫、衣滴虫等）、肉足虫类（如变形虫、太阳虫等）、孢子虫类（如疟原虫、痢疾变形虫、艾美球虫等）、纤毛类（如草履虫、喇叭虫、小瓜虫、钟虫）等。

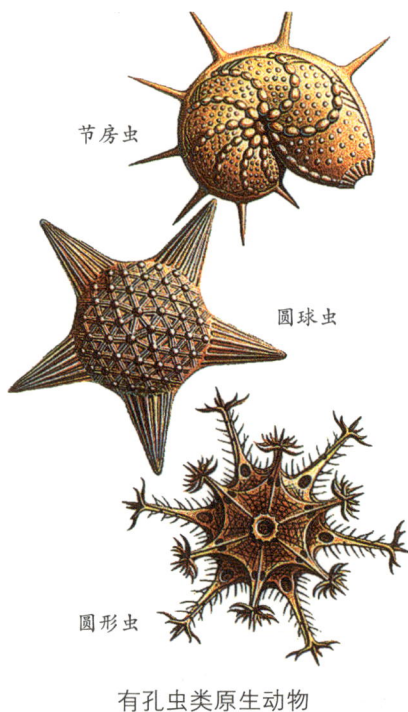

节房虫

圆球虫

圆形虫

有孔虫类原生动物

原生动物很微小，人们用肉眼难以观察，但却直接或间接地与人类有着密切的关系。它们有的对人类有益，如草履虫能大量吞食水域中的细菌，

一个草履虫每天大约能吞食4.3万个细菌，这对污水净化起了一定作用。有的对人类有害，能够直接侵袭人体，每年累计至少有1/4的人因体内寄生原生动物而患病，如疟原虫造成人患疟疾。

草履虫

咽膜目草履虫科草履虫属动物的统称。全世界已发现有9种形态不同的草履虫。因体形呈鞋状得名。体伸长呈圆筒形，前端较圆，后端变尖，全身披有均匀的体纤毛。

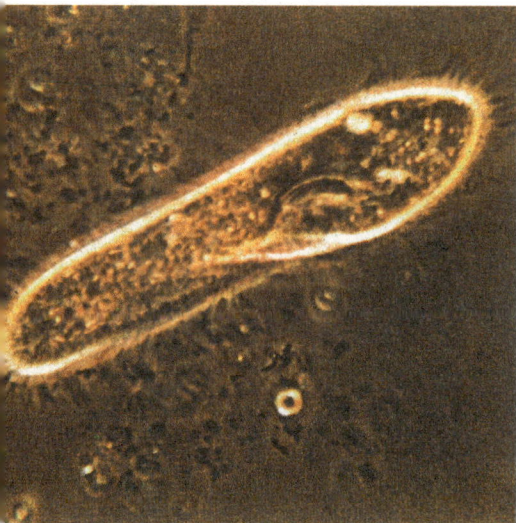

草履虫

草履虫以细菌和有机碎屑为食，对不同种类的细菌有选食性。靠体纤毛的摆动在水中游动，身体按纵轴的逆时针方向旋转前进。遇障碍物或微弱刺激时，纤毛会朝相反方向击打，于是虫体改变游动路线以避开不利境地。身体中部有大、小核。无性生殖是简单的横分裂，有性生殖为接合生殖。

腔肠动物

两胚层的低等多细胞动物，身体呈辐射对称，体壁只有内、外两个胚层。由内胚层围成的身体内腔是消化腔，也因此而得名，腔肠的一端为口，一端闭塞，无肛门。

腔肠动物绝大部分生活在海洋，少数种类生活于淡水。几乎所有的海洋和各种深度的水域都有腔肠动物分布，以热带和亚热带海域的浅水区最丰富。腔肠动物包括水螅型和水母型。水螅型主要营底栖固着生活，水母型主要营漂游生活。

腔肠动物与人类有着密切关系：较小种类可作为鱼类食饵，对发展渔业有益；海蜇是有较高营养价值的食品；珊瑚可供观赏或制成装饰品、工艺品；造礁珊瑚可堆积成岛屿供人居住；不少种类可供药用，如从群海葵中提取抗癌物质。腔肠动物有时也会危害人类：有些浮游水母大量出现时，会阻塞或破坏渔网，影响捕捞作业；有的海葵混于水产品中，人误食后可导致中毒死亡。

水母

生活于水中的一种浮游物。它的上面为伞状浮囊，在"伞"的边缘有许多触手，边缘的平衡囊还可以预知风暴的来临。"伞"的下方中央有口，口周还有口腕。生活在淡水中的桃花水母小巧轻盈；巨大的

霞水母直径达2米，触手长二三十米，毒性极强。肥厚的海蜇是桌上的美味。有些水母会蜇伤在海中游泳的人。

珊瑚

生活在温暖海底的群居型腔肠动物。软珊瑚不分泌外骨骼，通体柔软随海流摇曳。石珊瑚上的珊瑚虫能分泌坚硬的石灰质"骨骼"，与其共生的藻类更使其色彩斑斓。多彩多姿的珊瑚是构成海底花园——珊瑚礁的主要成分。珊瑚在维持生物多样性方面具有很重要的意义。

扁形动物

无骨骼系统的低等蠕形动物。它们左右对称、不分体节，有3层胚层而无体腔，无循环器官和呼吸器官。广泛分布在海水、淡水中，少数在陆地湿土中生活，其中有一大部分种

类已过渡到寄生生活。扁形动物的形态大小差异很大，有不足 1 毫米的涡虫，也有长达 10～15 米的绦虫。扁形动物有近 2 万种，包括涡虫类（如淡水中的真涡虫、海水中的平角涡虫等）、吸虫类（如日本血吸虫、华支睾吸虫、布氏姜片虫等）、绦虫类（如猪肉绦虫、牛肉绦虫等）。

扁形动物在动物界进化中有重要价值。从扁形动物开始，多细胞动物开始有 3 个胚层，动物体有了中胚层，使动物发展到器官、系统水平；体形也由腔肠动物的辐射对称进化到左右两侧对称，这是扁形动物比腔肠动物高等而复杂之处，也是动物由水生进化到陆生的基本条件。扁形动物与人类关系密切，尤其是那些寄生在人体或生物体中的寄生虫，如肝吸虫、血吸虫等对人类的危害很大。

环节动物

两侧对称、身体分节的体腔动物。世界性分布。它们身体呈圆柱或扁平形，由许多体节组成，有真正的体腔。真体腔的形成使动物第一次获得比较完善的循环系统，并促进了其他器官和系统的发展。所以说环节动物是多细胞动物中比线形动物高等的动物，是高等无脊椎动物的开始。环节动物的体壁由外面的环肌和里面的纵肌组成，多数身体上长有刚毛，有的类群有营呼吸及运动功能的疣足。

环节动物生活在海水、淡水和陆地的土壤中，主要分为多毛类（如沙蚕等）、寡毛类（如蚯蚓等）、蛭类（如水蛭等）。多毛类中有许多种类因繁殖快、体质柔软、营养丰富，而成为一些海产动物（特别是鱼类）的重要食料。寡毛类环节动物有翻土作用，使土壤疏松肥沃，提高土壤肥力，有利于农业。也有一些环节动物对人类不利，水蛭在农田中常袭人手足，吸食大量血液，给人带来危害。但蛭类的吸血习性能被人类用于医学，欧洲各国自古以来就采用欧洲医蛭为患者吸脓血；现代临床在再植或移植组织器官过程中，也利用医蛭吸血，使静脉血管通畅。

蚯蚓

寡毛纲陆栖动物的统称。又称蛐蟺、地龙。身体呈长圆柱形，常见种体长可达 20 厘米左右，身体由许多环节构成。多数体节都生有刚毛，刚毛有协助运动的作用。身体前端有口，后端有肛门，靠近身体前端有环状生殖带（又称环带），雌雄同体，但异体交配。

蚯蚓生活在潮湿、疏松、富含有机物的土壤中。白天穴居在土壤中，以泥土中的有机物为食；夜间爬出地面觅食，以地面上的落叶和其他腐殖质为食。没有专门的呼吸器官，但有发育良好的循环系统，由体表吸收氧气，排出二氧化碳。蚯蚓对改良土壤有重要作用，是富含蛋白质的饲料和食品，也是常见中药材，有解热、镇痉、活络、平喘、降压和利尿等作用。蚯蚓还能处理有机废物，消除环境污染。由于蚯蚓能吸收土壤中的汞、铅和镉等微量重金属，因此，被作为土壤中重金属污染的监测动物。但蚯蚓又有害，破坏河岸，使河道淤塞；损坏幼苗，危害植物。蚯蚓还是猪肺线虫与家禽的某些绦虫的中间宿主，对猪与其他家禽的生长发育影响很大。

蚯蚓

软体动物

身体柔软、左右对称、不分节的无脊椎动物，为动物界种数仅次于节肢动物的第二大门。已知有11万余种，广泛分布在陆地、淡水和海洋中。常见的有河蚌、乌贼、章鱼、角贝、田螺、牡蛎、石鳖等。

软体动物的身体分头、足和内脏团3部分，体外有皮肤扩张形成的外套膜，并有外套膜分泌的石灰质贝壳，所以又称贝类。软体动物的生活习性因种类而异，有的随波逐流地在海洋中过漂浮生活，如海蜗牛；有的和鱼类一样在海洋中长距离洄游，如乌贼、鱿鱼。绝大多数软体动物营底栖生活，它们在水底匍匐爬行，或在底质上固着。

软体动物中有很多种类可被人类利用。鲍鱼、贻贝、扇贝、乌贼、章鱼等可以食用；珍珠和乌贼的"海螵蛸"可以入药；有些小型软体动物可作农田肥料或饲料；宝贝、芋螺、鹦鹉螺可以作为工艺品。也有许多种类会危害人类，造成经济上的损失。如蜗牛、蛞蝓等吃植物的叶、芽；玉螺、红螺等造成养殖业的损失；椎实螺和钉螺是肝片吸虫和日本血吸虫的中间宿主，会传染给人类寄生虫病；船蛆、海笋等会破坏木船和码头。

海蜗牛　纸鹦鹉螺
贻贝
笔贝　鹦鹉螺
真乌贼
大乌贼
蛞蝓　章鱼　吸血乌贼
剃刀贝

常见的海洋软体动物

螺蛳

中腹足目田螺科螺蛳属种类的统称。为中国特有属种，广泛分布于云南省高原湖泊，如滇池、洱海、抚仙湖、异龙湖、大屯湖等。在云南、贵州、广西新生代地层曾发现化石种类。壳大型，成体壳高最大者可达77毫米。外形呈圆锥形或塔圆锥形。壳面有棘或乳头状突起，或仅有光滑螺棱。为角质薄片。雌雄异体，雄性右触角短粗，为交配器官。卵胎生，雌螺育儿囊内有 3 ~ 7 个胚螺。全年皆可繁殖，胚螺产出后不到一年即可达到性成熟。螺以宽大的足部匍匐于湖底。肉味鲜美，可供人食用，螺黄（雄性生殖腺）更是人们喜食的佳品。云南大量捕获螺蛳已有数百年的历史。

章鱼

八腕目蛸科（章鱼科）的统称。又称蛸、石拒，俗称八蛸。章鱼科是头足纲最大的一科，为重要的海洋经济头足类。分布于世界各海域。大部分为浅海性种类，也有少数深海性种类。头部两侧的眼径较小，头前和口周围有腕 4 对，长度相近或不等。蛸科的腕上大多具两行吸盘，有的种类只具单行吸盘。腕的顶端变形，称"端器"，无触腕。胴部卵圆形，甚小，不具肉鳍。内壳退化，仅在背部两侧残留两个小壳针。不具发光器。雌体具一对输卵管。主要营底栖生活，在海底爬行或在底层滑行，也能凭借漏斗喷水的反作用短暂游行于水层中。有短距离的生殖和越冬洄游，以龙虾、虾蛄、蟹类、贝类和底栖鱼类为食。本身常为鲨鱼、海鳗等的猎食对象。

节肢动物

身体分节，并有节肢和几丁质外骨骼，器官系统发达的无脊椎动物。节肢动物种类繁多，是动物界中最大的一门。

节肢动物具有很强的适应性，是无脊椎动物中真正适于陆地生活的类群。节肢动物身体由许多体节构成，一般可分为头、胸和腹3部分。但有些种类头、胸两部愈合为头胸部，有些种类胸部与腹部未分化。附肢也分节，按体节排列。体形上，有不到0.1毫米的寄生蠕形螨，也有两螯左右展开时宽达4米的巨螯蟹。节肢动物包括甲壳类、肢口类、蛛形类、多足类和昆虫类等。

节肢动物与人类关系相当密切而且复杂。如甲壳类的虾和蟹具有很高的营养价值，可供人类食用；蛛形类的蜘蛛对防治害虫有一定意义；昆虫能传递花粉，虫体及其产品可作衣物、饲料、饵料和药物，还可用于生物防治等。不过有些节肢动物则会传播疾病，如蚊子、苍蝇、跳蚤；有些则是传播寄生虫病的中间宿主；有些种类危害农作物和果树的生长，如蝗虫等。

甲壳动物

节肢动物门甲壳动物亚门动物的统称。全世界有6.7万余种，分布广泛。主要栖于海洋，少数种生活在淡水水域。甲壳动物头部与胸部体节常有愈合，合称头胸部。甲壳动物有两对触角，鳃是甲壳动物的主要呼吸器官，梯形神经系统，开放式循环系统。发育常有变态。

许多甲壳动物可供食用，如虾和蟹。有些甲壳动物对人类有害，如蛀木水虱等能破坏海港或码头的木质建筑物。寄生甲壳类常对鱼、虾、蟹的生长发育及繁殖造成影响，有些还是寄生虫的传播者。

虾和蟹

虾和蟹同为甲壳动物。

虾全身披甲、头胸部愈合，头胸甲前端具额剑，附肢分为触角、颚足、步足、腹足、尾足，用鳃呼吸；血液青色，开管式血液循环。虾是淡水中最普通的动物，在全世界的溪流、池塘和沼泽中都有它的踪影。淡水中比较大的虾有长臂虾、沼虾、螯虾。在海洋中也有美丽而巨大的彩色龙虾，在极地海洋中还有大量的磷虾，是极地食物链中的基础食物，数量极大。

蟹的队伍很庞大，形状千姿百态，虽然与虾相似，但它们的头胸甲宽大，胸部退化，大螯1对，步行足4对，横生，雌蟹腹阔而圆，俗称团脐，内有红色卵巢，俗称蟹黄。

虾和蟹肉味鲜美，营养丰富，都是人们喜爱的食品。虾和蟹具有较高的经济价值，中国沿海广泛开展了虾和蟹的人工养殖。买回来的鲜虾和蟹经过烹饪后，甲壳很快会由青色变为鲜艳的橘红色。这是因为甲壳内含有虾青素，在高温下，虾青素分解成为红色素，所以呈现出橘红色。

蜘蛛

节肢动物中的一大类群，遍布于全世界。蜘蛛的身体很结实，头胸部和腹部都不分节，由一个细长的腹柄相连；前面的附肢有1对螯肢，螯肢末端是具有毒腺导管的螯牙，还有1对脚须，4对步行足，末端有爪；腹部有纺器，从这里分泌出蛛丝来织网。蜘蛛用螯肢和脚须捉住捕获物，然后把毒腺中的毒液注入捕获物。织网蜘蛛在咬食其捕获物之前用蛛丝把它们缠绕起来。

蜘蛛

棘皮动物

广泛分布在世界各海洋，大约有 7000 种，中国已发现 500 多种。可分为海百合类、海参类、海星类、海胆类和蛇尾类。棘皮动物外观差别很大，有星状、球状、圆筒状和花状。棘皮动物既没有头，也没有躯干，因由中胚层产生的内骨骼埋在外胚层的表皮下面，使表皮常向外突出成棘，故称棘皮动物。棘皮动物是重要的底栖动物，常见的有海星、海胆、海参等。

海参

腕内充有生殖腺和消化腺；腕下面有开放的步带沟与口相通，沟内具有 4 行或 2 行管足。整个身体由许多钙质骨板借结缔组织结合而成，体表有突出的棘、瘤或疣等附属物。侧步带板上生的棘为海星分类的重要依据之一。雌雄异体。生殖细胞释放到海水中受精。

海星食性种间差异较大，在种内也有区别。最普通的海盘车多以大的双壳类为食，故对贝类养殖业危害很大。海星还可用作肥料或药物。

不同形态的海星

海星

海星纲动物的统称。现存约 1900 种，分布于世界各海，中国已知 80 多种。体扁平，多呈星形。口在下边中央。从体盘伸出腕，腕数一般为 5 个。

昆虫

昆虫纲动物的统称。节肢动物中种类最多的一大群类。分布最广，现生的昆虫约有 100 万种。大量栖息在陆地、水中、空中、土壤里、动植物体内和体表。昆虫的成虫身体分头、胸、腹 3 部分。头部有复眼、单眼、触角和口器，在胸部一般都有 3 对足，2 对翅。昆虫的触角、口器、足、翅的类型及发育类型都是非常重要的分类依据。

显微镜下的苍蝇复眼

昆虫构造的变化大多数集中在翅、足、触角、口器和消化道上，这种广泛的形态差异致使这个旺盛的类群能取得一切可能的食物来源和避免敌害。昆虫中有些是寄生的，有些是捕食的，有些吸取植物汁液，有些咀嚼植物的叶片，还有一些以各种动物的血液为生。昆虫与鸟类及飞行哺乳类一样具有飞行能力。但昆虫的翅是由中、后胸体壁延伸而成的。大多数昆虫有两对翅。少数只有一对翅，后翅变成一对细小的平衡棒，飞行时平衡棒振动，起平衡作用。昆虫不同于鱼、蛙、鸟、兽等动物，它的骨骼长在身体外面，称外骨骼。外骨骼有保护和支持作用，还可以防止体内水分蒸发，适于陆地和空中的环境。这层外骨骼又称为"皮"。在昆虫胚后发育期间，大多数昆虫要经历形态变化的阶段，称为变态。在这期间，由于虫的"皮"缺乏弹性，不能随虫体的生长而增大，昆虫为了生长必须定期将这层"皮"脱掉，称为"蜕皮"。在昆虫的发育过程中，要经历数次蜕皮。有些昆虫色彩绚丽，如蝶类、蛾类和甲虫等。

昆虫靠其飞行能力和高度的适应性才有可能如此广泛地分布。昆虫个体微小，可借气流和水流传播到遥远的地方。昆虫精心保护的卵块能抵抗恶劣的环境，并能借鸟类及其他动物远距离传播。

翅（昆虫）

昆虫的飞行器官。昆虫发育成成虫时，一般都会在胸部长有两对翅。昆虫的翅是由体表组织发育成的，起源和结构都不同于鸟类的翅膀。绝大多数昆虫都具有用于飞行的透明的膜质翅，蝴蝶与蛾的膜质翅上还有序地布满了美丽的鳞片，蚊蝇的后翅则演变成了勺状的平衡棒，蝗虫和金龟子的革质翅和鞘翅则用于保护虫体。昆虫的翅形形色色，翅的质地、形态、结构、翅脉排布等特点通常是人们对昆虫进行分类的重要依据。昆虫中许多重要的类群就是以翅的特征来分类的，如鳞翅目（蝴蝶和蛾子）、膜翅目（蚂蚁、赤眼蜂和蜜蜂）、鞘翅目（天牛、金龟子和瓢虫）、半翅目（椿象和臭虫）、直翅目（蝗虫和蟋蟀）、双翅目（蚊子和苍蝇）、脉翅目（草蛉）和等翅目（白蚁）等。

蜻蜓

蜻蜓目差翅亚目昆虫的统称。全世界现已知的蜻蜓约有5000种，中国约有300种。蜻蜓被称为"飞行之王"，它能忽上忽下、忽前忽后、忽快忽慢地飞行。

蜻蜓一般分为两类：一类称蜻蜓，停息时两对翅膀平放两侧；一类称豆娘，停息时两对翅膀竖立在背上。蜻蜓成虫大的体长能达到150毫米、小的约20毫米，头大而灵活，有一对很大的复眼占头部体积的一半，复眼发达，视觉非常敏锐。触角短，刚毛状，腹部细长，呈圆筒形或扁形，有两对长而窄的膜质翅膀，足不适于步行，但足上长有锋利的钩刺，能在飞行时凌空捕食其他飞虫。

大多数蜻蜓为日出性昆虫，在阳光照射时才活动，午后最活跃，一旦阴影来临，就停翅休息。有的种类为弱光性，黄昏以后才能活动，这类蜻蜓完全以蚊虫为食。

蜻蜓是不完全变态昆虫，我们经常可以看到它们在池塘水面上，不时地把尾巴往水中一浸一浸地低飞着，俗称"蜻蜓点水"。实际上，这种点水是产卵的动作。卵在水中孵化的幼虫称作水虿，捕食孑孓（蚊的幼虫）等水生小动物，经过十几次蜕皮，沿水生植物的枝条爬出水面，羽化后变成成虫。蜻蜓是一种益虫，常在水面上飞行，捕食蚊、蝇、虻、小型蜂类和小型蛾类。

螳螂

螳螂目昆虫的统称。中至大型有翅昆虫。广布世界各地，尤以热带地区种类最为丰富。体长形，多为绿色，也有褐色或具有花斑的种类。头三角形且活动自如。复眼突出。咀嚼式口器，上颚强劲。前翅为覆翅，后翅膜质，臀域发达，扇状，休息时叠于背上。前足为捕捉足，有爪一对。腹部肥大。产卵器不突出，尾须短。螳螂卵多黏附于树枝、树皮、墙壁等物体上。初孵出的若虫为预若虫，蜕皮3~12次始变为成虫。肉食性，猎捕各类昆虫和小动物，是田间和林区的益虫。缺食时常有"大吞小"和"雌吃雄"的现象。分布在南美洲的个别种类可攻击小鸟、蜥蜴或蛙类等小动物。螳螂有保护色，并有拟态，与其所处环境相似。

中华螳螂

蝉

半翅目蝉科昆虫的统称。因雄虫发音响亮，俗称知了。全世界约有 3200 种，中国已知 200 余种。体粗壮，中、大型。头部有 3 个单眼，呈三角形排列。触角短小，鬃状。翅膜质，脉纹粗。前足开掘式。雄虫腹部第 1 节两侧有发音器，发音响亮。半变态。卵产在植物组织内。孵化后若虫钻入土中生活，危害植物根部。若虫的蜕皮可入中药，称蝉蜕。成虫生活在植物上，刺吸植物汁液，危害嫩枝。中国北方常见种类有蚱蝉、蟪蟟、蟪蛄等，南方常见种类有红蝉（红娘子）等。

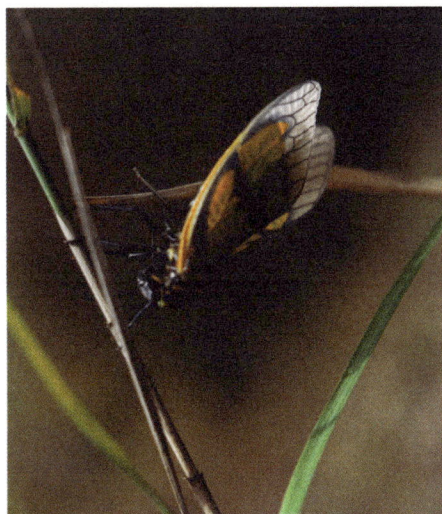

蝉

瓢虫

鞘翅目瓢虫科昆虫的统称。俗称花大姐。全世界记载约 5000 种，中国已记录 650 余种。中、小型甲虫，常具鲜明色斑。在植物上捕食蚜虫、介壳虫、粉虱、叶螨等。虽有少数瓢虫危害栽培作物，但大多数种类为农作物害虫的天敌。七星瓢虫是古北界常见的蚜虫天敌，中国采取助迁和保护的方法用它来防治棉蚜。

蝴蝶与蛾

蝴蝶和蛾同为鳞翅目昆虫，宽大的膜质翅上有覆瓦状排布的细小鳞片，并构成多彩图案。它们是完全变态发育，植食性幼虫多是农作物和果木害虫，成虫为虹吸式口器或退化。蛾子的蛹通常在丝茧内。

凤尾蝶

蝴蝶幼虫多有毒毛、臭腺、警戒色等，蛾子幼虫则多有保护色或拟态现象。蝴蝶成虫有棍棒状触角，蛾子的触角多样，常见丝状或羽毛状。停落时蝴蝶的翅多数并拢竖立在背方，而蛾子多数呈屋脊状平展或收拢。蝴蝶的腹部一般光滑细长，蛾子的腹部多数粗壮多毛。蝴蝶多在白天活动，而蛾子多在夜晚。人类利用蛾子的趋光性用黑光灯（或普通灯）诱捕。

蚊

双翅目蚊科动物的统称。昆虫中仅蚊科就有3000余种。蚊子身体纤细，刺吸式口器。前翅膜质、后翅特化为平衡棒。完全变态发育，幼虫是生活在积水中的孑孓，成虫羽化后，雄蚊子主要以植物汁液为食，雌蚊子则要靠大量吸食动物血液才能使卵巢发育并产卵。吸血时，蚊子分泌的抗凝剂和微量麻醉剂使被害者全然不能察觉，同时蚊子携带的许多病原体也会随伤口侵染被害体。经蚊子传播的疾病主要有疟疾、丝虫病、登革热、流行性乙脑等。

蝇

双翅目蝇科昆虫的统称。双翅目中蝇科种类繁多，分布广泛。其中家蝇分布最广，数量最多，与人类接触频繁。苍蝇幼虫多是腐食性和粪食性的蛆虫。多以蛹越冬。有些蝇的幼虫还生活在伤口中引发蝇蛆症。蝇还是传播伤寒、痢疾、霍乱、鼠疫、家畜炭疽病等多种传染病的媒介昆虫。常见蝇类还有丽蝇、食蚜蝇等。

苍蝇

蚂蚁

膜翅目蚁科昆虫的统称。社会性昆虫。特点是营群居性生活，每巢至少有繁殖蚁（雄蚁和雌蚁）、工蚁、兵蚁3种不同类型。雄蚁和雌蚁都有翅，交配后雌蚁的翅自行脱落，开始营巢，以后专司繁殖后代的任务，再不外出，成为蚁后。工蚁、兵蚁都是无翅不育的雌蚁。工蚁司建巢、外出采食、饲养幼蚁和雌蚁等职，体形较小。兵蚁的体形比其他蚁大，有巨大的螯和口器，适于厮杀，但巨大的螯影响了取食，因此要由其他的工蚁喂食，有的兵蚁头部特化，常用巨大的头堵死巢门，故又称看门蚁。蚁后的任务是繁殖，它的腹部要比别的蚁大许多倍，容纳大量蚁卵。

蚂蚁

脊椎动物

脊索动物门脊椎动物亚门动物的统称。尽管脊椎动物种类较少，但却是动物界中最高等的一个类群。脊椎动物的身体里有一条由许多块脊椎骨组成的脊柱，这是它与无脊椎动物的最本质的区别。除此之外，脊椎动物的中枢神经系统在背侧，包在头骨脑颅和髓管中，心脏在腹侧。脊椎动物有了脊柱，运动能力更强，再加上它们的形态结构复杂，从而对环境的适应能力大大增强，因此能广泛分布于地球上各处水域和陆地，以及广阔的天空。包括终生生活在水中的鱼类，水陆两栖的两栖动物，真正登上陆地、完全摆脱了水的限制的爬行动物，适于飞翔生活的鸟，以及能在陆地上奔跑、适应性更强、生活方式也多种多样的哺乳动物。其中，鱼类是脊椎动物中最低等的类群，而哺乳类是最高等的类群。

鱼

一类终生在水中生活，用鳃呼吸，用鳍辅助运动与维持身体平衡，大多种类体表有鳞片的变温脊椎动物。一般可分为无颌类和有颌类。无颌类的脊索圆柱状，终身存在；无上下颌，起源于内胚层的鳃呈囊状。有颌类具上、下颌，多数有胸鳍和腹鳍，内骨骼发达，具脊椎。世界现存鱼类的分布极其广泛，并且鱼类是脊椎动物中种类最多的，有2.5万多种。大部分鱼类可食用，但有些种类可对人体健康造成伤害，其后果轻者被蜇伤、咬伤或中毒患病，重者残废甚至死亡。

热带鱼

热带、亚热带所产鱼类的总称，又称热带观赏鱼。习惯上还包括南北温带的少数种类。以南美洲最多，亚马孙流域被誉为"热带鱼库"，其次是东南亚。热带鱼有各种颜色和形态，已发现的达千种以上。主要有鲑科、食蚊鱼科、鲤科、丽鱼科和斗鱼科的鱼类，其中受人们欢迎的品种包括接吻鱼、珍珠鱼、地图鱼、神仙鱼、剑尾鱼、孔雀鱼等。热带鱼一般体形奇特，色泽艳丽多彩或透明美观；多体小活泼，动态轻盈，可在小型鱼缸或水族箱里饲养。

食人鱼

脂鲤目脂鲤科锯脂鲤属的一种。又称纳氏锯齿鲤、食人鲳。原产于巴西亚马孙河流域，也分布于委内瑞拉、圭亚那淡水水域。体长 10 ~ 20 厘米，大者可达 30 多厘米。体呈圆形或盘状，侧扁；头中大，吻圆钝；口大，亚上位；下颌突出，长于上颌；上、下颌均有一列锐利如剃刀的三角形强牙，咬合时相互镶嵌如锯齿状。头、体浅青色。鳃盖下方、颏部、胸部、胸鳍及臀鳍前半部红色，背鳍浅灰色，尾鳍、臀鳍后缘灰黑色。肉食性。喜成群活动，性情残暴，嗅觉灵敏。适宜水温 22 ~ 28℃。卵生，一年可繁殖多次。鱼肉鲜美，在产地供食用。为观赏鱼类之一。

食人鱼

鲨鱼

软骨鱼纲鲨形总目鱼类的统称。又称沙鱼、鲛鱼。广泛分布于印度洋、太平洋、大西洋的一定范围之间。鲨鱼身体为纺锤形，歪形尾鳍 1 个，胸鳍和腹鳍各 1 对，2 个背鳍。

它们最明显的特征是有软骨骨骼。鲨鱼一般生活在海洋上层，它一口能吞下几十条小鱼，能咬死和吃掉比它大的鱼或其他动物。鲨鱼的视力不发达，但其他感觉器官很完善。鲨鱼具有高度发达的侧线系统，它是鲨鱼探索和测量其他物体和游泳动物的"距离感知器"，对水的振动和水流极为敏感，尤其对血腥味最敏感。世界各海洋中生活着500多种鲨鱼，中国有133种。

中华鲟

鲟形目鲟科鲟属的一种。又名鲟鲨。中国特有种。分布于太平洋西北、中国海南岛以东到黄渤海等海区和珠江、钱塘江、长江、黄河等淡水河流。一般成鱼体长2.42～3.25米（雌）或1.69～2.5米（雄）；体重148.5～378千克（雌）或38.5～189千克（雄），最大个体重达452千克以上。体长，呈梭形。吻尖长，吻部腹面中央有须2对。尾歪形，上叶特别发达，体具5纵行骨板状大硬鳞。幼鱼皮肤光滑，鳃耙细尖；成鱼皮肤粗糙，鳃耙柱状，13～28枚。头部和体背侧青灰色或褐色，腹部白色，各鳍均为青灰色，侧、腹板间的体色有过渡区。

生活于大江和近海中，是洄游性的底层鱼类。由海入江，喜聚于河口。成熟群体秋末于10～11月溯江河而上，在江河上游进行生殖。长江流域产卵场位于上游重庆以上江段的深潭和金沙江下游水流湍急、河床岩石壅积处。生长较快，年平均增重8～13千克（雌）或4.6～8.6千克（雄）。以动物性的食物为主，如摇蚊幼虫、蜻蜓幼虫，以及其他水生昆虫、软体动物、寡毛类、小鱼和藻类等。产卵期一般停食。原为大型经济鱼类之一，但由于过度捕捞已成为濒危物种，被列为国家一级重点保护野生动物。

飞鱼

颌针鱼目飞鱼科动物的统称。具有飞翔能力，生活在温带和热带的海洋中，以海洋中的浮游生物为食。飞鱼体形短粗、口小、眼睛大、胸鳍非常发达，好像"翅膀"一样，腹鳍也比较发达，尾鳍上叶短小，下叶长，身体表面覆盖着圆形的鳞片。飞鱼起飞前，胸腹鳍紧贴体侧，先在水中快速游动。接着尾部剧烈摆动，造成后助力借势跃出水面，张开翼状的胸鳍，可以在空中滑翔几十米，顺风时可达 100 米以上。飞鱼可连续数次跃出水面滑翔，时飞时落，以躲避敌害。飞鱼是生活在海洋温暖水域上层的鱼类，在中国西沙群岛、台湾海峡都有这种鱼。

鲥鱼

鲱形目鲱科鲥属的一种。又称时鱼。分布于黄海、东海、南海和长江、钱塘江等大型通海河流。体侧扁，略呈斜方形。头中等，吻尖；口较小，上颌骨延伸至眼后下方，无牙。眼小，体被圆鳞。无侧线，腹部具棱鳞，尾鳍深分叉。体背和头部呈灰黑色，上侧略带蓝绿色的光泽，下侧和腹部银白色，腹、臀鳍灰白色，尾鳍边缘和背鳍基部淡黑色。

为溯河洄游产卵鱼类，平时生活于海中，4～6月入江河中下游产卵繁殖。初入江的鲥鱼丰腴肥硕、肉味鲜美，为长江重要经济鱼类。

大黄鱼

鲈形目石首鱼科黄鱼属的一种。又称红口、黄纹、黄鱼、黄金龙、大鲜和大黄花鱼等，是中国传统四大海产之一。中国传统四大海产为大黄鱼、小黄鱼、带鱼和乌贼。

大黄鱼是中国近海主要经济鱼类，分布于黄海南部、东海、台湾海峡到南海雷州半岛以东沿海。它们主要栖息于水深30～60米海区的中下层，为暖温性近海集群洄游鱼类。产卵鱼群怕强光，喜逆流，好透明度较小的混浊水域。黎明、黄昏或大潮时多上浮，白昼或小潮时下沉。成鱼主要摄食各种小型鱼及虾、蟹、虾蛄类等。

大黄鱼

小黄鱼

鲈形目石首鱼科黄鱼属的一种，又称黄花鱼、小黄瓜等，是中国传统四大海产之一。小黄鱼分布于渤海、黄海、东海，台湾海峡以北近海，是中国近海主要经济鱼类。小黄鱼为温水性近海集群洄游鱼类，喜栖息于软泥或泥沙质、水深20～100米的中底层水域。鱼群有明显垂直移动现象，黎明、黄昏时鱼群上升，白昼或小潮时鱼群下沉。小黄鱼为肉食性，幼鱼主要摄食硅藻类及桡足类幼体，成鱼摄食毛虾、磷虾、桡足类、虾蛄类等。

带鱼

鲈形目带鱼科带鱼属的一种。中国近海重要经济鱼类，在北方称刀鱼，南方称白带鱼、牙带鱼等。带鱼广泛分布于大西洋、印度洋和太平洋的热带至温带海区，中国沿海均有分布。带鱼常成群栖息于近海浅水底层，常进入河口，并有明显的昼夜垂直移动习性，大的成年个体通常白天在近表层水域摄食，夜间游至底层；幼鱼和小个体成鱼白天常在近底层水域摄食，夜间游至近表层水域。

带鱼体长，呈带形，尾部末端为细鞭状，牙发达且锐利。带鱼除产卵和越冬期间摄食量较低外，其他时间几乎都能进行强烈的摄食活动，主要食中小型甲壳类、鱼类或同种幼鱼。

带鱼

两栖动物

在脊索动物进化历程中从水生的鱼类到真正陆生的爬行类之间的过渡型动物。有人以为能水陆两栖生活的动物都属于两栖动物。其实并非如此。例如青蛙、蟾蜍属于两栖动物，而扬子鳄、龟和鳖等虽然也能在水陆生活，但却属于爬行动物。两者的主要区别在于：①两栖动物的皮肤裸露，能够分泌黏液，有辅助呼吸的作用；而爬行动物的体表都有鳞毛或骨板，无呼吸功能。②两栖类的个体发育要经历变态发育。幼体生活在水中，用鳃呼吸；成体或终生生活在水里（如大鲵、蝾螈等），或生活在陆地上，时而生活在水中（如青蛙、蟾蜍等），但都主要用肺呼吸。

两栖动物适应多种多样的生态环境，除海洋和大沙漠及永久冰雪带地区外，海滨、平原、丘陵、高山和高原等生境均有分布，个别种向北可伸达北极圈南缘，有的种类能耐受和适应半咸水水域。垂直分布可达海拔 5100 米。以热带、亚热带湿热地区种类最为丰富，向南北温带种类递减。其生活习性可分为水栖、陆栖、树栖和穴居等，成体在白昼多隐蔽在阴暗而潮湿的环境中，夜晚活动频繁，以多种昆虫和其他小动物为食。蝌蚪则以浮游生物、植物性食物为主。在自然环境中，鱼、蛇、鸟、兽等动物都可能成为它们的天敌。

蟾蜍

无尾目蟾蜍科动物的总称。最常见的是大蟾蜍，俗称癞蛤蟆。皮肤粗糙，背面长满了大大小小的疙瘩，这是皮脂腺，最大的一对是位于头侧鼓膜上方的耳后腺。白天，大蟾蜍多隐蔽在阴暗的地方，如石下、土洞内或草丛中；傍晚，在池塘、沟沿、河岸、田边、菜园、路边或房屋周围等处活

动，尤其雨后常集中于干燥地方捕食各种害虫。大蟾蜍冬季多潜伏在水底淤泥里或烂草里，也有在陆地上泥土里越冬的。

蟾蜍

青蛙

无尾目蛙科侧褶蛙属的一种。常见的两栖动物。大多栖息在水田、池塘或沟渠中。每年春暖时节，青蛙从冬眠中醒来，开始活动、产卵。幼体称蝌蚪，生活在水中，用鳃呼吸；成体称青蛙，生活在潮湿的陆地上，有时也下水游泳，用肺呼吸。

中国常见的种类有黑斑蛙、金钱蛙、泽蛙等，这些蛙在民间统称"青蛙"。青蛙腹面

青蛙

乳白或肉色，背部一般为褐色或绿色，上有很多黑斑。这种体色和水边植物颜色相似，因而不易被发现。青蛙的肤色常随温度、湿度变化而有深浅改变，有经验的农民能根据蛙色的变化来预测晴雨。青蛙皮肤裸露，富有皮肤腺，能经常分泌黏液，保持湿润，辅助呼吸。青蛙头部较发达，有一对圆而突出的眼睛。蛙眼对于活动着的物体感觉非常敏锐，能迅速发现飞动的虫子，但对静卧的虫子反倒不敏感。青蛙的口腔宽大，雄蛙口角两旁生有一对鸣囊，有增大声音的作用，所以叫声格外响亮。雌蛙则无鸣囊，这是雄蛙和雌蛙不同的特

征之一。青蛙口内有能活动的舌，舌端分叉，富有黏液。捕捉昆虫时，舌迅速翻射出口外，粘住小虫卷入口中。

大鲵

有尾目隐鳃鲵科大鲵属的一种。因其叫声似婴儿啼哭，故俗称娃娃鱼。分布于中国河南、山西、陕西、甘肃、云南、贵州等地。大鲵的心脏构造特殊，已经出现了一些爬行类的特征，具有重要的研究价值。

大鲵

大鲵一般生活在石灰岩地段，水质清澈、水温低、河床多穴洞的溪流中，多单独生活，

惧光喜暗，白天常隐匿在洞穴内，夜出觅食，主要以蟹、蛙类、鱼类为食，也捕捉蛇、虾、水生昆虫等。大鲵是珍贵的观赏动物，可用来研究动物系统发育，已被列为国家二级重点保护野生动物。

爬行动物

用肺呼吸、混合型血液循环（动脉内杂有静脉血）的变温脊椎动物。它们在两栖动物的基础上，更加完善了对陆地环境的适应，摆脱了对水生环境的依赖，活动范围更加广泛，主要行动方式为爬行。

爬行动物一般体表都具有鳞片或骨板。心脏3室（鳄类心室虽不完全隔开，但已为4室）。皮肤无呼吸功能，也缺少皮肤腺，这可以防止体内水分的蒸发。虽然供氧能力增强了，但体温仍不恒定，是变温动物。冬季气温较低时，潜伏地下、树洞等处冬眠。现存的爬行动物有龟鳖目、鳄形目、喙头目、蚓蜥目、蜥蜴目和蛇目。

乌龟

龟鳖目地龟科的一种。又称金龟、草龟、泥龟。分布于中国、日本、朝鲜等国。四肢强壮，末端有爪。背腹面被有坚硬而厚的甲，只有头、尾和四肢露在外面，遇到紧急情况时可以全部缩入龟壳中，坚硬的甲壳，使外敌无从下手，只有"望龟兴叹"。生活于江河、湖沼或水草丛中。以水中蠕虫、虾、小鱼等和植物的茎、叶为食。冬季在池塘底或田间淤泥里越冬。每年4～10月产卵，每年可产卵1～3窝，每窝卵数为4～8个，孵化期约60天，幼龟出壳后当即下水，独立生活。

扬子鳄

鳄目鼍科鼍属的一种。又

称中华鳄。中国古代称鼍，俗名土龙、猪婆龙。

扬子鳄分布在长江下游芜湖、太湖等地。体长1～2米，头部扁平，吻突出，四肢粗短，后肢4趾，趾间有蹼，爬行和游泳都很敏捷。尾长而侧扁，粗壮有力，在水里能推动身体前进，又是攻击和自卫的武器。白天隐居在河岸两旁洞穴中，夜间出外捕食。爬行动物曾称霸中生代，后来因为环境变化，恐龙等许多爬行动物因不能适应而绝灭了，而扬子鳄等爬行动物却一直延续到今天。在扬子鳄身上，至今还可以找到早先恐龙类爬行动物的许多特征，所以人们称它为"活化石"。为国家一级重点保护野生动物。

蜥蜴

蜥蜴目动物的统称。俗称四脚蛇。世界已知约3000种，大都分布于热带和亚热带地区。

许多种蜥蜴的尾椎的每一椎体都被横膈分成前后两半，肌肉强烈收缩可使尾自该处断掉（自截），这是一种保护性或防卫性的机制，以后可再生一新尾。蜥蜴多以昆虫或其他节肢动物、蠕虫等为食，有些种类兼吃植物。蜥蜴大多是卵生。

绿鬣蜥

科莫多巨蜥分布于印度尼西亚科莫多岛、林卡岛、弗洛雷斯岛、莫堂岛。食肉动物，大多数吃腐肉。喜欢独居，只有繁殖季节的时候才会在一起。

它们的奔跑速度能够快速上升到 20 千米 / 小时，完成潜水深度达 4.5 米的短暂冲刺，并通过使用其强劲有力的爪子攀登树木。为了捕捉到远处的猎物，科莫多巨蜥可以依靠后腿站立，并使用尾巴来支持。随着其形态越来越大，爪主要用作武器，而不利于攀爬。达到性成熟需要 8～9 年，寿命估计可长达 30 年。

壁虎

蜥蜴目壁虎科动物的统称。又称守宫。世界上分布最广泛的动物。体背腹扁平。指、趾端扩展，其下方形成皮肤褶襞，密布腺毛，有黏附能力，因此壁虎可在墙壁、天花板或光滑的平面上迅速爬行。

在遇敌或其他危险情况下尾可自行截断，以后再生。壁虎生活于建筑物内，以蚊、蝇、飞蛾等昆虫为食。壁虎喜欢夜间活动，夏秋两季的晚上，常出没于有灯光照射的墙壁、天花板、檐下或电线杆上，白天潜伏于壁缝、瓦角下、橱柜背后等隐蔽处，并在这些隐蔽的地方产卵。

壁虎

蛇

蛇目动物的统称。全身覆盖着鳞片，像盔甲一样保护着身体。属于变温动物，喜欢湿润温暖的环境。

大多数蛇都生活在热带和亚热带森林中。蛇没有脚，也没有胸骨，它的肋骨能前后自由活动，当肋皮肌收缩的时候，引起肋骨向前移动而使腹鳞稍稍翘起，翘起的鳞片尖端像脚一样踩住地面或其他物体，就可以推动身体前进。

蛇生活方式多样，有陆栖（如原矛头蝮）、树栖（如林蛇）、半水栖（如华游蛇）及海水生活（如海蛇）的种类。活动规律可分为昼出活动、夜出活动、晨昏活动3种，大多数种类属于昼出活动。属于肉食性动物，食物组成广泛。蛇的下颌骨与头骨关节非常松弛，并且左右下颌中间是以韧带相连，在吞食食物时，可以把口张得很大，能吞食比它的头部大很多的动物。

蛇分有毒、无毒两类。毒蛇的身体上一般都有鲜艳的花纹，颈部细，头部多呈三角形，尾部从肛门向后突然变细。毒蛇最重要的特征是有毒牙。

蟒

蛇目蟒科蟒属的一种。分布于缅甸、老挝、越南、马来西亚、印度尼西亚、柬埔寨。在中国分布于广东、海南、广西、福建、云南、贵州、四川及西藏等地。无毒蛇。体形大，一般全长3～4米，最长可达6～7米，眼中等大，瞳孔直立，椭圆形。背及眼下有一黑斑，喉下黄白色，腹鳞无明显分化。尾短而粗，具有很强的缠绕性和攻击性。体鳞光滑，背面呈浅黄色、灰褐色或棕褐色，体后部的斑块很不规则。

蟒生活于热带及亚热带林木茂密的山区。常用体后段攀绕在树干上，也善游泳。以小型哺乳动物、鸟、爬虫类为食。捕食较大的猎物时先缠绕缢死再吞食。繁殖期4～6月。卵生，一次可产卵8～32枚。雌蛇有蜷伏卵堆的孵卵习性，此时不食，体温较平时升高几摄氏度，有利于卵的孵化。

鸟

脊椎动物亚门鸟纲动物的统称。全世界已发现有9000多种,分布几遍全球。体表被羽毛。前肢骨骼简化和变形,后缘着生大型飞羽,构成鸟类的飞翔器官——翅（翼）。翅的表面成流线型。鸟体的尾羽能在飞翔中起定向和平衡作用。头部前伸的上嘴和下嘴外包角质鞘,称为喙。无牙齿。颈长,运动极为灵活。尾骨退化,愈合为尾综骨。无膀胱。很多鸟类到性成熟表现为两性异型。在飞行时,重力适与两翅产生的升力平衡。大多数4趾。拇趾向后,有利于抓握树枝。

鸟类多营飞翔生活,大部分为昼行性。食性可分为食肉、食鱼、食虫和食植物等类型,还有很多居间类型和杂食类型。绝大多数鸟类是单配制,

也有一雄多雌制和一雌多雄制。鸟类产卵数目、卵的形状和颜色等不一致。鸟类因迁徙习性的不同,可分为留鸟、夏候鸟、冬候鸟、旅鸟、迷鸟等类型。鸟类迁徙通常在春秋两季进行,迁徙时的飞行高度一般不超过1000米。

鸟类是大自然的组成部分,在维持生态系统的稳定性方面具有重要作用。大多数鸟类在消灭农林害虫和害鼠方面有特殊的贡献,是保护和净化环境、维持生态平衡的积极因素。有些鸟类（如蜂鸟）嗜食花粉和花蜜,能传播花粉；有些鸟类（如斑鸠）能传播植物种子；绝大多数鸟类在生活史的不同阶段以昆虫为主食。少数鸟类可传播人与家禽共患的传染病（如鹦鹉热）等。

企鹅

属于鸟纲企鹅目企鹅科。

一类没有飞翔能力但善于游泳和潜水的海鸟。全分布在南半球,主要分布在南极洲、新西兰、非洲南部和南美洲。世界上现有企鹅约 18 种。著名的种类包括小企鹅、王企鹅、帝企鹅等。企鹅背部为深色的蓝黑或蓝灰,腹部白色;企鹅一般比较肥胖,具有厚厚的皮下脂肪,较厚的羽毛高度特化成鳞片状,能防止海水浸润;前肢特化为桨状,用于划水;后肢较短,位于躯体后方,趾间具蹼;可以直立行走,姿态左右摇摆,也可以用腹部贴冰面滑行。

企鹅主要生活在海洋里,只有繁殖时才来到岸上。常在岩石上作跳跃式行走,因立时昂首如企望状,故得名"企鹅"。企鹅常大群穴居,主要以捕食鱼、虾、乌贼等为生。企鹅的天敌是南极的海豹、海狗、贼鸥和美洲鹫等,它们常常打破企鹅的卵或捕食其幼鸟。

企鹅

朱鹮

鹳形目鹮科朱鹮属的一种。又称朱鹭、凤头鹮、朱脸鹮、红鹤。东亚地区的特产种。

体形和大小似白鹭,但嘴下曲,飞行时长颈伸直向前,有别于鹭类。雄性体色白,上下体的羽干及翅、尾等均泛粉红色;颈部有若干羽毛延伸为矛状,形成羽冠,耸立时色泽鲜艳;头顶、额、眼周和嘴基均裸露且呈朱红色;嘴呈黑色,端部呈朱红色;跗跖和下胫裸露部分呈亮红色。雌鸟在繁殖期时背部有鲜蓝色粉状渲染，两翅粉红色较淡，第 1 ~ 5 枚初级飞羽端部灰褐色。

朱鹮生活在水边。平时栖于高树上，觅食时才落于地面或田中。以小鱼、蛙、蟹和水生昆虫为食。鸣声似乌鸦。飞行时两翅扇动徐缓而有力。夏季繁殖期间在栎、白杨或松树上营巢，离地 5 ~ 10 米。巢皿状，以枯蔓及树枝筑成。每窝产卵 2 ~ 4 枚。卵呈淡青绿色，上布浓密污褐色斑点。

20 世纪 20 ~ 30 年代，朱鹮在中国曾广泛分布，东自兴凯湖，西抵甘肃中部，南至安徽、浙江。1960 年以后绝迹，直到 1981 年，才在陕西省洋县海拔 1200 ~ 1400 米的树林中重新被发现。后经抢救性保护及人工饲养、繁育，截至 2020 年，中国的朱鹮种群数量发展到 4400 只。

火烈鸟

鹳形目红鹳科红鹳属的一种。著名观赏鸟。又称大红鹳。分布于地中海沿岸，东达印度西北部，南抵非洲，也见于西印度群岛。体形大小似鹳；嘴短而厚，上嘴中部突向下曲，下嘴较大成槽状；颈长而曲；脚极长而裸出，向前的 3 趾间有蹼，后趾短小不着地；翅大小适中；尾短；体羽呈白色兼有玫瑰色，飞羽呈黑色，覆羽呈深红色，诸色相衬，非常艳丽。

火烈鸟栖息于温热带盐湖水滨，涉行浅滩，以小虾、贝类、昆虫、藻类等为食。觅食时头往下浸，嘴倒转，将食物吮入口中，把多余的水和不能吃的渣滓排出，然后徐徐吞下。

火烈鸟性怯懦，喜群栖，常万余只结群。红鹳以泥筑成高墩作巢，巢基在水里，高约 0.5 米。孵卵时亲鸟伏在巢上，长颈后弯藏在背部羽毛中。卵壳厚，呈蓝绿色。孵化期约1个月。雏鸟初靠亲鸟饲育，逐渐自行生活。

鸿雁

雁形目鸭科雁属的一种。又称原鹅、大雁。家鹅的原祖。分布于西伯利亚和中国。

鸿雁栖息于河川、沼泽地带，夜间觅食植物，白天在水中游荡。春夏之间在中国内蒙古自治区东北部和黑龙江流域繁殖。它们在河中沙洲、湖中小岛或洼地的草丛中营巢，每窝产卵4～8枚，卵乳白色。秋季南迁，常结群飞行高空，列成"V"形，不时发出洪亮的叫声。在中国东部至长江中、下游以南地区过冬。

鸳鸯

雁形目鸭科鸳鸯属的一种。小型游禽，体长41～51厘米，体重444～500克。雄性在非繁殖季羽色暗淡，繁殖季羽色异常艳丽。雄鸟额和头顶中央翠绿色，并具金属光泽；枕部铜赤色，与后颈的暗紫绿色长羽组成羽冠。白色眉纹，后缘汇入羽冠，翎羽橙红色，胸暗紫色，羽帆橙红色。尾羽暗褐色而带金属绿色。雌鸟羽冠短，贯眼纹白色，上体灰褐色，无帆羽。幼鸟形态特征与雌鸟相似。

鸳鸯主要栖息于有静水或流速缓慢水域的中纬度阔叶林区，早晚活动频繁，成鸟主要以种子、小型坚果、鱼类或蛙类为食，雏鸟主要以无脊椎动物为食。亚洲种群主要越冬于中国东部低纬度地区，日本和英国种群很少迁徙。

每年4月进入繁殖期。营巢于较大的啄木鸟旧洞或天然树洞，巢内以绒羽作为内衬铺垫。种内巢寄生行为较为普遍，虽窝卵数 9 ～ 12 枚，但巢内的卵数有时达 30 多枚，孵化期 28 ～ 30 天。野生种群繁殖于俄罗斯乌苏里兰、哈巴罗夫斯克（伯力）等地，繁殖区域直至泽雅河口湾西部、中国北部和西南地区、库页岛、国后岛和北海道以及日本主要岛屿的最北部。越冬期主要栖息于中国东部、中部、南部及台湾等地，也见于韩国和日本本州，小部分会到达缅甸和印度东北部。

鸳鸯

天鹅

雁形目鸭科的一属。鸭科中个体最大的类群。

天鹅的颈修长，超过体长或与身躯等长，姿态优美。嘴基部高而前端缓平；尾短而圆；蹼强大，但后趾不具瓣蹼。疣鼻天鹅是天鹅中最美丽的，嘴赤红，前额有一黑色疣突。夏季见于中国北方草原和荒漠地区的湖泊、水库中，一般成对活动，在水面上常把颈弯成"S"形，并拱起蓬松的翅膀。它们以蒲根、野菱角和藻类为食，也挖食莲藕等。9 月下旬开始南迁，一般列队为 6 ～ 20 只。

孔雀

鸡形目雉科孔雀属鸟类的统称。分布于亚洲热带和亚热带常绿阔叶林和混交林中。

绿孔雀属大型鸟类，全长 180 ～ 230 厘米。羽色艳丽，具长尾羽。雄孔雀发情时，特长的尾上覆羽展开，形成尾屏，称为孔雀开屏。喜活动于林间空地和溪流旁边，常成群活动。食性较杂。通常营巢于灌丛或草丛中，巢简陋。每窝产卵 5 ～ 6

枚，卵色淡，无斑。孵化期为27～30天。

孔雀

丹顶鹤

　　鹤形目鹤科鹤属的一种。又称仙鹤。全身大部分羽毛为白色，头顶有一块皮肤裸露，成年鹤的这块皮肤呈朱红色，故而得名。

　　丹顶鹤腿又细又长，适于在近水浅滩或沼泽地中行走；喙和颈较长，适于捕食水中的鱼、虾和软体动物；鸣声响亮，飞翔力强，飞翔时颈和腿都伸直，姿态安闲优美。丹顶鹤栖息于开阔平原、沼泽、湖泊、草地、海边滩涂、芦苇等

地，偶见于耕地。迁徙期和冬季常由数个家族群结成较大的群体，有时集群多达40～50只。觅食地和夜息地一般比较固定。主要以鱼、虾、水生昆虫、软体动物、蝌蚪、沙蚕、钉螺以及水生植物的茎、叶和果实为食。

丹顶鹤

海鸥

　　鸥形目鸥科海鸥属鸟类的统称。中型水禽。几乎遍布全球水域。嘴直而尖。背羽以灰色为主，少数有褐、黑色。前3趾具蹼，后趾短。栖息于海洋、河流、湖泊、沼泽等水域。主要以小鱼、甲壳类、软体动物、昆虫等为食。营巢

于海边的小岛上、内陆湖边缘地带、沼泽区域或河岸附近。繁殖期为每年的4～7月，每窝产卵2～5枚，孵化期为22～28天。

中国沿海常见种类有黑尾鸥、银鸥、红嘴鸥等。

海鸥

鹦鹉

鹦形目鹦鹉科鸟类的统称。分布于亚洲南部、大洋洲、非洲、中美洲和南美洲。在中国主要分布于西藏南部、四川南部、云南、广东、广西。体长8～99厘米。嘴甚短强；上嘴钩曲而具蜡膜，能向上活动，嘴钩内有锉状构造；舌多肉质而柔软。翅形稍尖。尾长短不一。

跗跖短健，被以细鳞。前后皆两趾，适于攀树。体羽常为绿色，或绿蓝和红色等，非常艳丽。雌雄相差不多，幼鸟与雄鸟相似。

不同种类的鹦鹉

猫头鹰

鸮形目鸟类的俗称。夜行性猛禽。因面形似猫，故名。头部具有脸盘，眼大而圆。白天多匿伏于树洞、岩穴或浓密的草丛中，夜间捕食。主要以

蜂鸟

昆虫、鼠类、蜥蜴、蛇类、鱼和小鸟等为食。繁殖期为 3 ~ 7 月，营巢于树洞、岩洞中，或抢占喜鹊、乌鸦等鸟类的巢，偶见营巢于地面。

猫头鹰

蜂鸟

雨燕目蜂鸟科鸟类的统称。因飞行时两翅振动发出的嗡嗡声而得名。分布于拉丁美洲，北至北美洲南部，并沿太平洋东岸达阿拉斯加。

蜂鸟是世界上最小的鸟，因此只能和昆虫一样，用极快的速度振动双翅才能在空中飞行。最小的蜂鸟每秒双翅可拍动 50 次以上。飞翔时，蜂鸟两翅急速拍动，快速有力而持久。它们善于持久地在花丛中徘徊"停飞"，常吮食花瓣中的花蜜，同时也捕捉花丛中的小昆虫为食。

哺乳动物

脊椎动物中身体构造最复杂、最高等的类群，又称兽类。它们由爬行动物演化而来，具有许多进步的特征，形成了一系列完备而复杂的形态结构和生理功能，特别是脑的高度发达，能够广泛适应于陆栖、穴居、飞翔、水栖等多种生活方式，成为现今自然界中占优势的类群。

哺乳动物体表被毛，牙齿有门齿、臼齿和犬齿的分化，体腔内有肌肉质的膈将体腔分为胸腔和腹腔两部分，用肺呼吸，心脏分为4个腔，体温恒定，胎生（单孔目例外）和哺乳。哺乳动物的种类很多，全世界有4600多种。

现存哺乳动物分属2个亚纲：①原兽亚纲。卵生兽类，包括针鼹和鸭嘴兽，产于澳大利亚、塔斯马尼亚和新几内亚，现存只有1目2科3属3种。②兽亚纲。胎生兽类，又分为2个次亚纲，一为后兽次亚纲，包括各种有袋类，产于南、北美洲，澳大利亚及其邻近岛屿，共7目19科81属270余种；一为真兽次亚纲，包括各种有

胎盘类，广布世界各地，共18目113科1041属4340余种。

鸭嘴兽

单孔目鸭嘴兽科鸭嘴兽属的一种。从鸟类到哺乳动物之间的过渡型动物。成年鸭嘴兽的嘴像鸭嘴，故名鸭嘴兽。鸭嘴兽产于澳大利亚东部及塔斯马尼亚岛，是适应水陆两栖生活的兽类。

鸭嘴兽的身体呈流线型，体长43～50厘米，尾长10～15厘米，全身裹着柔软而浓密的褐色短毛，尾巴扁而阔；前、后肢有蹼和爪，适于游泳和掘土；后脚上有一根突起的角质距，能分泌毒液，用来攻击对手。

鸭嘴兽常栖居于溪流和湖泊的岸边，洞穴有2种类型，一是普通的居住洞，一是雌兽为繁殖而建造的深而复杂的巢洞。常在清晨或黄昏出洞活动，

主要在水底觅食，以蠕虫、水生昆虫和蜗牛等为食。潜水时，鼻、眼、耳都关闭，只靠喙的触觉就能找到食物。繁殖时，雌鸭嘴兽每次产卵 1～3 枚，幼兽从母兽腹面濡湿的毛上舔食乳汁。

直到 20 世纪初人类还在为猎取皮毛而捕杀鸭嘴兽，但澳大利亚从 1905 年起即开始对鸭嘴兽进行保护。除澳大利亚南部种群灭绝外，鸭嘴兽在其分布区内都还很常见。主要威胁因子是栖息地退化、大坝建设、灌溉、污染、渔网及陷阱。

袋鼠

双门齿目袋鼠科动物的统称。前肢短小，后肢特别长，善于跳跃。袋鼠属夜间生活的动物，通常在太阳下山几个小时后才出来寻食，在太阳出来不久就回巢。

身体构造适应于长途高速奔跑运动，尾巴能保持平衡，强壮修长的后腿为跳跃提供了强大的动力，短期爆发速度可达 50 千米／小时，为摆脱捕食

袋鼠

者的追赶，一跃可达 4 米高、10 米远。取食草本植物、灌丛、蘑菇或农作物等。独居或群居，可 10 余只成群，其中一只雄袋鼠占统治地位。群居物种遇到危险时，会用后足跺脚或用尾巴击打地面报警。

树袋熊

双门齿目树袋熊科树袋熊属的一种，又称考拉。澳大利亚特有类群，分布地区包括昆士兰东南部、新南威尔士东部、南澳大利亚东南部及维多利亚。

树袋熊体形粗壮，头大，耳圆，生有茸毛，无尾。栖息于空旷的桉树林中，且一生大部分时间生活在桉树上，以桉树叶及其嫩枝为食。夜行性，行动迟缓，在夜间及晨昏活动，白天常蜷作一团栖息在桉树上，每天睡眠 17 ～ 20 小时。具领域性，通过在树基部留下排泄物进行领地标记。属非社会性动物，其社会行为仅存在于母兽及其未独立的子女间或交配期的雌雄个体间。

树袋熊

树懒

披毛目树懒科动物的统称。头短圆，耳小并隐于毛内；尾短，前肢2~3指，后肢3趾，均具可屈曲的锐爪，前肢长于后肢；胃分数室；全身毛色灰褐，蓬松长厚，因附着有藻类植物，外表呈现绿色。

终年栖居树上，用爪钩住树枝倒挂身躯，并在树上移行，可防备食肉兽的袭击，天敌为蟒蛇和猛禽。嗅觉灵敏，视觉和听觉不太发达。夜行性，以树叶、果实为食，但3趾树懒专吃桑科植物叶子。能忍饥一个月。多数种类春季繁殖。每胎1仔。某些种的寿命达11年。

松鼠

啮齿目松鼠科松鼠属动物的统称。共有35属212种，广泛分布在亚洲、南北美洲和欧洲。体形细长，大小因种类而异，尾长接近于体长，尾多毛，四肢强壮。毛色差异很大，且随季节变化。有树栖和地栖种类。树栖种类在树上筑巢或利用树洞栖居，不冬眠；地栖种类居于地穴，有冬眠或夏眠现象。

松鼠善于攀爬和跳跃，行动敏捷。以坚硬的种子或针叶树的嫩叶、芽为食，也吃蘑菇、浆果等，有时吃昆虫的幼虫、蚂蚁卵等。有贮备食物越冬的习性。每年春、秋季换毛。因森林面积减少，数量降低，年产仔2~3次，每次产仔4~6只。

松鼠

鲸

鲸偶蹄目的大型海兽。终生生活在海洋中，适应水中的生活环境，外形很像鱼，所以俗称鲸鱼。鲸的头部和躯干部紧紧连在一起，没有颈部；尾部逐渐变细，末端化为尾鳍；前肢变成鳍，后肢已退化。这种体形适合在水中游泳。体表光滑无毛，游泳时可以减少阻力。皮下有很厚的脂肪层，可用来保持体温。鲸用肺呼吸，心脏分4个腔，体腔内有膈，体温恒定，胎生，哺乳。这些特征说明鲸是哺乳动物，与卵生的鱼完全不同。

鲸的种类很多，一般分为须鲸和齿鲸。须鲸口腔中没有牙齿，有角化形成的梳状须，头骨上方有一对鼻孔。须鲸性情较温和，以浮游性小虾、小鱼为食。如蓝鲸、长须鲸、鲤鲸等。须鲸的所有物种都曾是猎捕对象。

到20世纪中叶时，过度捕猎使露脊鲸、灰鲸、蓝鲸等几乎绝灭，大翅鲸、长须鲸、塞鲸等数量急剧下降。齿鲸口腔中有牙齿，头骨上方有一个喷水的鼻孔，这是它们赖以呼吸的通道。个体一般比须鲸类小，有的性情残暴，嗜食大型动物，如虎鲸、抹香鲸等。

鲸

海豚

鲸偶蹄目海豚科动物的统称。分布于全球的海洋，在热带和暖温带海域种类最多。身体呈纺锤形，前脚鳍化，背部有三角形背鳍，吻部细长而突出，以小鱼、虾、蟹及乌贼等为食。

海豚游泳的速度很快，每小时可达 70 千米。它们喜欢群居，常数十头或数百头聚集在一起，活动时列队蜂拥而来。海豚具有精密的声呐系统，能准确无误地识别目标。许多科学家利用海豚回声定位的奥妙，以改进人造声呐系统。海豚没有声带，不能从嘴里发声，声音是从头部的瓣膜和气囊系统发出来的。海豚发出的声音有"滴答"声、"嗡嗡"声和口哨声等多种多样的声音，有科学家认为这是海豚自己的"语言"。

海豚的人工饲养已有近百年历史，由于在海洋公园和水族馆中的表演（主要是瓶鼻海豚），使海豚成为公众最熟悉的动物之一。经过训练的海豚可以参加水下救生，打捞海底沉物，给水下工作人员传递信息等，是人类的得力助手。

海豚

大熊猫

食肉目熊科大熊猫属的单属单种。中国的特产，以稀有珍奇而驰名世界。大熊猫的家族非常古老，曾经和大熊猫同一时期的动物，早已绝灭并成为化石，而大熊猫一直生存至今，因此有"活化石"之称。与其他熊类不同，大熊猫没有冬眠的习性。由于受到竹类食物资源营养的限制，它们需要不停地进食，每天有超过一半的时间都在采食。它们常常在竹丛中穿行，边走边吃还边排泄。

大熊猫因身体肥胖，外形像熊而得名。身上毛色黑白分明，眼周、耳、前后肢和肩部黑色，其他部分都是白色。身长 1.2 ~ 1.8 米，体重 50 ~ 130 千克，饲养个体可达 180 千克。四肢差不多长短，爬树很敏捷。生活在海拔 2000 ~ 4000 米高山有竹丛的树林中。由于长期在密集的竹林里生存，郁闭度高，遮挡严重，大熊猫的视觉退化严重，但听觉和嗅觉非常灵敏，个体之间也主要是通过听觉和嗅觉来进行交流。

大熊猫的天敌主要是金钱豹、青鼬等食肉目动物，此外猛禽也是幼年期大熊猫的主要天敌，如金雕。与大熊猫同域竞争的物种主要是羚牛和野猪，羚牛主要与大熊猫竞争采食竹叶，野猪与大熊猫竞争激烈的时期主要是在笋期。

大熊猫是国家一级重点保护野生动物，也是世界稀有动物中的重点保护对象。中国已设立大熊猫自然保护区，采取一系列措施对大熊猫加以保护。

黑熊

食肉目熊科熊属的一种。又称亚洲黑熊、月熊。分布于东亚、东南亚与南亚，以及接近大陆的大型岛屿。体形肥大，长 116～175 厘米，尾巴很短，体重 60～240 千克，全身体毛黑色，颈和肩部毛较长。由于视力较差，东北人称它"黑瞎子"；胸部有一半月形白纹，所以南方人称它"月熊"。

黑熊栖居在山林之中，多在白天活动，一般不结群。杂食性动物，对蜂蜜特别感兴趣。黑熊的爪子长而尖利，不能收缩，却很灵活，所以能爬树。它的足掌能像人手一样握物，像锄头一样掘穴。

在温带或高海拔气候寒冷地区，冬季食物资源匮乏时，雌雄个体均会寻找岩洞、岩缝、岩窝或树洞进行冬眠。最早可在 10 月下旬进洞，最晚在 5 月上旬复苏。在冬季气温相对温和的地区，成年雄性个体可以在整个冬季保持活动状态。

北极熊

食肉目熊科熊属的一种。又称白熊。现存体形最大的食肉动物。北极熊广泛分布在北极圈内。雄性头体长 240～260 厘米，重达 300～600 千克。北极熊栖居在冰天雪地的北极，浑身覆盖稠密的乳白色毛，足掌肥大，掌下多毛，既保暖又可防止在冰雪上滑倒。

北极熊性情凶悍，特别是带仔的母熊更厉害。主要猎食海豹、幼海象和沿岸搁浅的鲸。北极熊虽然外表蠢笨，但擅长游泳。当海豹在冰块上晒太阳时，北极熊就以出色的游泳技

黑熊

巧,悄悄地泅水过去,待其不防,一掌打去,进行捕食。北极熊从不冬眠或很少冬眠,性耐寒。冬天吃肉,夏季来临就吃植物。

北极熊

狐

食肉目犬科中几个狐属动物的统称。约有37种(包括已灭绝的),分布于除南极洲外的各个大陆上,赤狐是其中广布、常见的物种,在中国各地几乎都有分布。

狐体形较小,鼻吻部较细长,四肢短,尾长且蓬松。人工养殖的种类主要有狐属的赤狐、银黑狐(赤狐的野生毛色突变型)和北极狐属的北极狐。

赤狐,又称狐狸、红狐、

草狐,分布于北半球除热带以外的一切地区。体形中等,细长,体长50～80厘米,重3.6～7千克。吻尖,耳大,尾长略超过体长的一半。毛色因季节和地区不同而有较大变异。寿命13～14年,最长可达15年。北极狐分布于北极圈以内,以及阿拉斯加和西伯利亚等地。有白色(白狐)和浅蓝色(蓝狐)两种。体形比赤狐小,四肢短,尾长20～25厘米。体重2.5～4千克。寿命8～10年。

北极狐

狼

食肉目犬科犬属的一种。分布于欧亚大陆和北美洲。中国除台湾、海南以外,各省区均有分布。外形和狼狗相似，但吻略尖长，口稍宽阔，耳竖立不曲，尾挺直状下垂，毛色棕灰。成年个体的体长80 ~ 85厘米，尾长29 ~ 50厘米，体重28 ~ 40千克。

狼栖息范围广，适应性强，凡山地、林区、草原、荒漠、半沙漠以至冻原均有狼群生存。夜间活动。嗅觉敏锐,听觉良好。极善奔跑，常采用穷追方式获得猎物。杂食性，主要以鹿类、羚羊、兔等为食，有时亦吃昆虫、野果或盗食猪、羊等。每年1 ~ 2月交配，常发出长嗥，以吸引异性。每胎产5 ~ 10仔。狼在牧区常危害羊群，所以牧区常开展打狼活动以保护牲畜。事实上狼对野生动物种群的健壮发展及控制种群数量的过量增长起着重要作用。

虎

食肉目猫科豹属的一种。

东北虎

为大型食肉兽。生活在高山密林，一般单独生活，不集群。虎全身长满金黄色或橙黄色的毛，有的种类前额有似"王"字的斑纹，有的体表生有黑色美丽的花纹。

虎的体形威武，四肢强健，趾（指）端长着能伸缩的利爪。虎经常在黎明和黄昏时分活动，悄悄潜伏在树丛中，等猎物靠近时突然跃起袭击，捕食鹿、野猪和麂子等动物。

现仅有 6 个亚种的野生种群残存于亚洲地区：孟加拉虎、苏门答腊虎、印度支那虎、马来亚虎，以及中国的华南虎和东北虎。

华南虎

食肉目猫科豹属虎的亚种。中国特有种类。原分布于华南、华中、华东、西南的广阔地区及陕南、陇东、豫西、晋南的个别区域，以湖南、江西数量较多。

华南虎全身橙黄色并布满黑色横纹，胸腹部和四肢内侧的白色中杂有许多乳白色，斑纹较宽，色泽较深，体侧还常常带有菱形纹。华南虎主要生

华南虎

活在森林山地，常单独活动，喜欢夜间活动，嗅觉发达，行动敏捷，以野猪、鹿、狍等为食。为国家一级重点保护野生动物。

金钱豹

食肉目猫科豹属的一种。豹的另称。因全身黄色并布满圆形或椭圆形黑环，形似古代铜钱而得名。雌雄毛色一致。栖息于山地、丘陵、荒漠和草原，尤喜茂密的树林或大森林。无固定巢穴。单独活动。白日伏在树上，或卧在草丛中，或在悬崖的石洞中休息，夜晚出来游荡。动作灵活，善于攀树和跳跃，胆量也大，敢于和虎同栖于一个领域，能攻击体形较大的雄鹿或凶猛的野猪等。主要猎食中、小型有蹄类动物，如麂、狍、麝、羊等，也吃小型肉食动物，如狸、鼬等，偶尔捕食鸟和鱼。在中国被列为国家一级重点保护野生动物。

狮

食肉目猫科豹属的一种。全身褐色，没有明显花纹。雄狮身长约2米，雌狮略小。雄狮从2岁开始在颈部、胸部、前肢腋部生出鬃毛，显得威风凛凛。

狮在古代曾广泛分布于欧洲和中亚，现在多见于非洲。它们生活在林缘、灌木丛或小溪旁。狮的体色为保护色，与捕食生活相适应。狮的听觉、嗅觉灵敏，动作灵活，跳跃力强，能爬树，但不善于长跑。

成年的雄狮多离群营独立生活。寿命约20年。狮外貌威

狮

武雄壮，有"兽中之王"的称号。以各种羚羊、斑马和疣猪等为食，偶尔捕食长颈鹿。亚洲狮喜食野猪。

海豹

鳍足目海豹科动物的统称。广泛分布于世界各大洋，在北半球寒带海域多，在南极和温带海域少。身体肥胖而圆，体形呈纺锤状；头圆，颈粗，头上无外耳壳；牙齿尖利；后肢和尾相连，永远向后，故上陆后不能步行。每胎产1仔，初生幼海豹遍体白色，为天然保护色。

海豹

犀牛

奇蹄目犀科动物的统称。体形壮硕似牛，3趾，鼻部上方生有一角或双角。别名犀牛。犀科现有4属5种，分别是白犀、黑犀、印度犀、爪哇犀和苏门答腊犀，前2种犀分布于非洲南部，后3种分布于亚洲南部。雄性大于雌性。

犀牛身体呈黄褐、褐、黑或灰色。体长2.2 ～ 4.5米，肩高1.2 ～ 2米。体重2800 ～ 3000千克。皮厚实、粗糙，并于肩颈腰腿等处成褶皱。毛被稀少而硬，甚或大部无毛；耳呈卵圆形，头粗长，颈粗短；头部有实心的独角或双角（有的雌性无角），起源于真皮，角截断后仍能复生。

栖息于低地至海拔2000多米的热带和亚热带森林、稀树草原和高草湿地。独居或结成小群。植食性，食物以草类为主，另补充取食树的叶、枝、果等。

4岁或以上性成熟，2年1胎，每胎1仔。寿命50年左右。除了人类，成年犀没有天敌，幼犀偶尔会被虎、狮、豹等猛兽捕食。

河马

偶蹄目河马科动物的统称。巨型水陆两栖哺乳动物。分布于非洲。体长4米，肩高1.5米，体重约3000千克。躯体粗圆，四肢短，脚有4趾；头硕大，眼、耳较小，嘴特别大；下犬齿巨大；尾较小；皮较厚；除吻部、尾、耳有稀疏的毛外，全身皮肤裸露，呈紫褐色。

河马生活在热带的水草丰盛地区。常由10余只组成群体，有时也能结成上百只的大群。白天几乎全在水中，食水草。水草缺少时，便在夜间上岸觅食植物或农作物。性温驯，善游泳，可沿河底潜行5～10分钟。每胎1仔。寿命30～40年。

河马因食大量水草而有利于疏通河道。排粪于水，可提高鱼的产量。皮革坚韧，用途较广。河马也是著名观赏动物。

羊驼

偶蹄目骆驼科小羊驼属的一种。又称美洲驼、无峰驼。产于南美的秘鲁和智利的高原山区。体形颇似高大的绵羊；颈长而粗；头较小，耳直立；体背平直，尾部翘起，四肢细长；被毛长达60～80厘米，

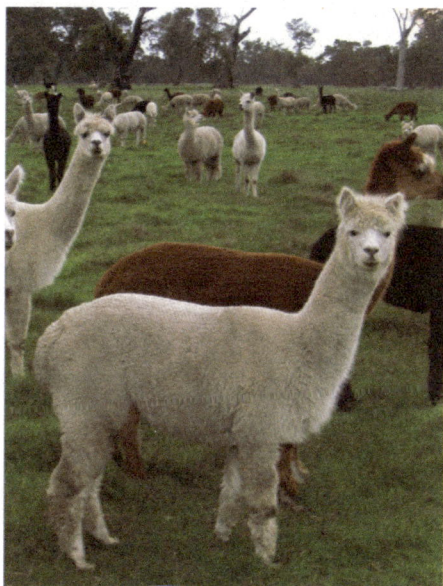

羊驼

呈浅灰、棕黄、黑褐等不同色型。雄性略大于雌性。羊驼是一种半野生动物,栖息于海拔 4000 米的高原。每群 10 余只或数十只,由一只健壮的雄驼率领。以高山棘刺植物为食。每胎 1 仔。春夏两季皆能繁殖。

梅花鹿

偶蹄目鹿科鹿属的一种。又称花鹿。因在背脊两旁和体侧下缘有明显的排列成行的白斑得名。根据历史记录,几乎遍布中国东部地区及台湾岛。分布区为吉林、黑龙江、浙江、四川、甘肃、江西、安徽、浙江。中国台湾的野生梅花鹿在 1969 年就已经灭绝,但在垦丁国家公园还生存着人工饲养的野化梅花鹿的自然种群。

成年雄鹿体重 100 ～ 120 千克,雌鹿 60 ～ 70 千克。雄性有角,雌性不长角。每年的 4 ～ 5 月雄鹿骨化的硬角脱落,

梅花鹿

长出表皮为红棕色的茸角。雄鹿的角通常分4个叉，第1个叉（眉角）向前，第2个叉距离第一个叉较远，第3、第4个叉比较小且相距较近。8月以后茸角硬化。

春夏季节集成由雌鹿及其仔鹿组成的群体活动，雄鹿则组成5～6只的雄鹿群一起活动。主要采食草本植物，灌木的芽和嫩枝条也是它们喜欢的食物。冬季采食干枯的草、灌木和乔木的枝条，也会啃食树皮。主要活动时间是早晨、黄昏和午夜，白天的活动以休息和反刍为主。这种昼夜活动的时间节律是对其生存环境的适应，主要是为了避免被天敌猎杀和避开人类活动的干扰。

藏羚

偶蹄目牛科藏羚属的一种。又称藏羚羊、西藏黄羊。中国分布于西藏、青海、新疆、四川，在拉达克地区也有分布。成年藏羚体长130～140厘米，体重24～45千克。雄性具长角，弯度很小，角前侧有棱状突起，角长45～65厘米；雌性无角。尾长15～20厘米，肩高70～100厘米。身体颜色以淡褐色为主，被毛致密，雄性脸部为黑色或黑棕色，雌性脸部无黑色；头顶、颈背和躯体上部为淡棕褐色；四肢下部为浅灰白色，但雄性具黑棕或黑色纵纹；下颌、颈部下方、腹部及四肢内侧毛色浅。

青藏高原的特有种，分布海拔从3250米（新疆阿尔金山）至5500米（拉达克德泊散得），是青藏高原高海拔、寒冷、干旱地区生态系统的关键种，主要栖息于高山草甸、高山草原、高山荒漠草甸草原和高山荒漠草原。群居。大多数雌性具有长距离迁移的习性，季节性往返于冬季栖息地和夏季产

藏羚

羔地之间；雄性不迁移或仅具短距离季节性迁移，多在冬季栖息地附近活动。食物主要为禾本科、豆科、莎草科、菊科、杂类草等植物，以禾本科植物为主。